Schriftenreihe des Wissenschaftlichen Instituts
für Kommunikationsdienste

Rudolf Pospischil

Telekommunikation in Frankreich

Die Reform des institutionellen und
regulierungspolitischen Rahmens
des französischen Telekommunikationssektors

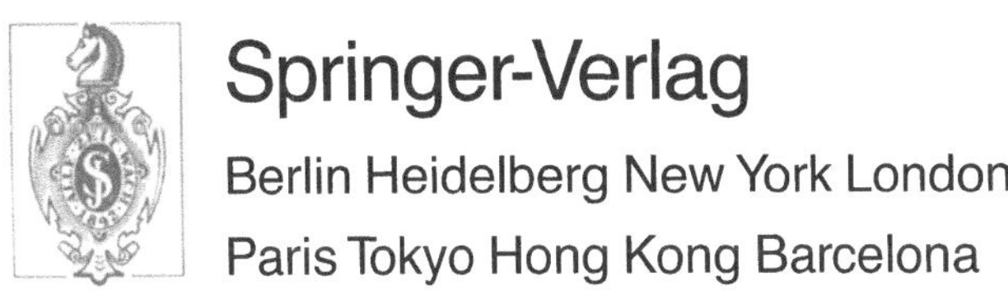

Springer-Verlag

Berlin Heidelberg New York London
Paris Tokyo Hong Kong Barcelona

Dr. Rudolf Pospischil
Generaldirektion Telekom
Postfach 2000
W-5300 Bonn 1

ISBN-13: 978-3-540-55521-6   e-ISBN-13: 978-3-642-45718-0
DOI: 10.1007/978-3-642-45718-0

n 2

Die Deutsche Bibliothek – CIP-Einheitsaufnahme

Pospischil, Rudolf: Telekommunikation in Frankreich; die Reform des institutionellen und regulierungspoliti-
schen Rahmens des französischen Telekommunikationssektors / Rudolf Pospischil.
– Berlin; Heidelberg; New York; London; Paris; Tokyo; Hong Kong; Barcelona; Springer, 1992
(Schriftenreihe des Wissenschaftlichen Instituts für Kommunikationsdienste; 13)

NB: Wisschenschaftliches Institut für Kommunikationsdienste ‹Honnef›:
Schriftenreihe des Wissenschaftlichen...

Vorrede

Die Anregung zu der Arbeit fällt in das Jahr 1988. Damals war ich am Wissenschaftlichen Institut für Kommunikationsdienste der Deutschen Bundespost (WIK) beschäftigt und mit einem Forschungsprojekt zu Frankreich betraut. Gleichzeitig hatte ich die Gelegenheit, in der deutsch-französischen Grundsatzgruppe Fernmeldepolitik mitzuwirken.

Als ich dann Ende 1989 das Angebot erhielt, künftig als Leiter einer Stabsstelle beim Vorstand der Telekom zu wirken, waren zwar die Konzeption und die Vorstudien erstellt, doch die für die Arbeit entscheidenden Gesetze waren von der französischen Nationalversammlung noch nicht verabschiedet worden. Das geschah erst 1990. Die Ausarbeitung der Endfassung der Arbeit erfolgte schließlich 1990/91. Dabei haben meine Erfahrungen als vormaliger wissenschaftlicher Mitarbeiter in einem gerade reorganisierten Telekommunikationsunternehmen unter einem neuen Regulierungsregime durchaus noch neue Erkenntnisse beigesteuert.

Für die Unterstützung des Vorhabens über das Forschungsprojekt hinaus gilt mein Dank Dr. Karl-Heinz Neumann, dem Direktor des WIK, und Dipl.-Ing. Gerd Tenzer, Mitglied des Vorstands der Telekom.

Die intensiven Diskussionen mit den Kolleginnen und Kollegen im WIK und meinem akademischen Lehrer, Prof. Dr. Hanns-Albert Steger, waren mir bei der Konzeption der Arbeit eine große Hilfe. Für diese Unterstützung möchte ich mich herzlich bedanken. Für die kritische Durchsicht des Manuskripts schulde ich Dipl.-Math. Dieter Elixmann einen besonderen Dank.

Inhaltsverzeichnis

F. ANHANG   151

G. QUELLEN, ABKÜRZUNGEN UND VERZEICHNISSE   173

A. EINFÜHRUNG

1. Frankreich und die Telekommunikation

Im Vergleich zu anderen Ländern verdient in Frankreich die Telekommunikation seit der Französischen Revolution eine besondere Beachtung. Im Jahr 1793 beschloß die Gesetzgebende Versammlung Frankreichs die Einrichtung einer Strecke von optischen Telegraphenstationen von Paris nach Lille. Ihr folgten weitere Strecken, die schließlich die politisch und strategisch wichtigsten Orte Frankreichs an die Zentrale Paris anschlossen.[1] Damit war Frankreich zu Beginn des 19. Jahrhunderts im Telekommunikationsbereich durch den großflächigen Einsatz der optischen Telegraphie führend.

Mehr als eineinhalb Jahrhunderte später hatte Frankreich im Telekommunikationsbereich seine führende Rolle längst verloren und war weit hinter Deutschland oder andere Staaten zurückgefallen, denen es damals als Vorbild galt. Der Telekommunikationsdienst schlechthin, den unser Jahrhundert kennt, der Telefondienst, wurde in Frankreich nach dem II. Weltkrieg über viele Jahre durch eine verfehlte Politik in einem Stadium der Unterentwicklung belassen. Erst in den siebziger Jahren setzte dann eine Aufholjagd ein, die Frankreich rasch zu einem Land mit einem hochentwickelten Telekommunikationssektor gemacht hat.

Frankreich verfügt heute über eines der modernsten Telekommunikationsnetze und der weltweit zweitgrößte Hersteller von Telekommunikationsgeräten, Alcatel, ist in französischer Hand. Diese Entwicklung von einem in den fünfziger und sechziger Jahren in Sachen Telekommunikation unterentwickelten Land zu einem der Länder mit modernster Telekommunikationsinfrastruktur wurde im wesentlichen durch die staatliche Fernmeldeverwaltung getragen, nachdem die Politik das Defizit erkannt, der Verwaltung entsprechende Zielvorgaben in den staatlichen Wirtschaftsplänen vorgegeben und die finanziellen Mittel bereitgestellt hatte.[2]

---

1   Vgl. Oberliesen [1982], S. 47ff.

2   Vgl. Libois [1983], S. 247ff.

Doch Ende der achtziger Jahre waren die während der Aufholjagd vorhandenen oder entwickelten Rahmenbedingungen für die staatliche Fernmeldeverwaltung nicht mehr stabil. Die Fernmeldeverwaltung hatte zuletzt Probleme sich als Staatsverwaltung die erforderlichen Ressourcen zu sichern, insbesondere qualifiziertes Personal und Finanzmittel, und die Fortentwicklung der Telekommunikationsinfrastruktur voranzutreiben. Die Rolle der Fernmeldeverwaltung, die bislang zugleich hoheitliche und betriebliche Funktionen erfüllte, wurde in Frage gestellt. Damit verbunden war die von der Ordnungspolitik getragene Bestrebung, privatwirtschaftlich organisierte Unternehmen mit der staatlichen Fernmeldeverwaltung in Konkurrenz treten zu lassen, das heißt ihre angestammten Monopolrechte in bestimmten Bereichen aufzuheben. Dazu kam die Neugestaltung der Beziehungen zwischen der nationalen Fernmeldeverwaltung und der inzwischen international ausgerichteten französischen Telekommunikationsindustrie.

Die vorliegende Arbeit verfolgt diesen Umbruch Ende der achtziger Jahre, der 1990 in zwei zentrale Gesetze mündete. Mit der Arbeit werden zwei Ziele verfolgt, ein deskriptives und ein analytisches. Das erste Ziel ist die Beschreibung der Reform des institutionellen und regulierungspolitischen Rahmens des französischen Telekommunikationssektors aus dem Jahr 1990. Dabei liegt der Schwerpunkt in der Darstellung der neuen Situation, die immer dann, wenn es dem besseren Verständnis dienlich ist, vor dem historischen Kontext erklärt wird.

Die Analyse der Reform von 1990 stellt das zweite Ziel der Arbeit dar. Der verfolgte analytische Ansatz lebt vom Vergleich, insbesondere vom internationalen Vergleich, vom Vergleich zwischen Theorie und Praxis, vom Zeitvergleich und dem Vergleich allgemeiner Strukturen oder Tiefenstrukturen mit den spezifischen Strukturen oder Oberflächenstrukturen des Telekommunikationssektors.

Mit der Arbeit wird der Anspruch verfolgt, sowohl eine Monographie zur Regulierung des französischen Telekommunikationssektors, die vor allem den Telekommunikationsexperten anspricht, als auch eine zur Politik der Regulierung eines besonderen Sektors, des Telekommunikationssektors, in Frankreich vorzulegen, die insbesondere den Frankreichkenner für sich gewinnen will.

Damit wird zum einen der Versuch unternommen, für den Telekommunikationsexperten eine Ausarbeitung zu präsentieren, wie sie für andere Länder bereits existiert.[3] Zum anderen soll für den Frankreichkenner ein Thema aufgearbeitet werden, das bislang in der Behandlung der Wirtschafts- und Sozialordnung Frankreichs keinen Platz hatte.[4] Dabei wird insbesondere das Spannungsverhältnis zwischen Regulierungs-, Wettbewerbs- und Industriepolitik herausgearbeitet.

Die Arbeit ist wie folgt aufgebaut: Vor der Untersuchung, wie der institutionelle und regulierungspolitische Rahmen des französischen Telekommunikationssektors reformiert wurde und wie diese Reform im europäischen Kontext zu beurteilen ist, erfolgt eine Aufbereitung wesentlicher Eckdaten zum Telekommunikationssektor und der Grundlagen für staatliche Eingriffe in diesen speziellen Sektor. Bevor die Reform also zum Objekt wird, soll im ersten Kapitel (*A. Einführung*) der Telekommunikationssektor hinsichtlich Sektorangebot und -nachfrage untersucht, sowie die Notwendigkeit in diesen Sektor regulierend einzugreifen, dargelegt werden. Im zweiten Kapitel (*B. Geschäftsfelder des Telekommunikationssektors*) wird dann der Kern des Telekommunikationssektors, die Netze und Dienste, ausführlich dargestellt und analysiert. Damit wird eine Basis oder ein Referenzpunkt für die nachfolgenden Kapitel zur Reform und ihrer Beurteilung geschaffen. Eine ausführliche Beschäftigung mit den Telekommunikationsendgeräten unterbleibt in diesem Kapitel, da die Liberalisierung ihres Angebots als abgeschlossen gelten kann.[5]

Nach den Grundlagen folgt der vorwiegend deskriptive Teil der Arbeit in den Kapiteln *C. Institutioneller Rahmen* und *D. Regulierungsrahmen*. Das

---

3   So zum Beispiel von Wieland [1985] für die USA. Der Beitrag von Rommel [1991] zur Reform des Post- und Fernmeldewesens in Frankreich bleibt dagegen auf die rechtlichen Aspekte der veränderten Gesetzeslage fokussiert, die mit dem deutschen Recht verglichen wird, und geht nicht weiter auf den Telekommunikationssektor ein.

4   Ein Beispiel für die Behandlung des Telekommunikationssektors ist die Untersuchung von Neumann / Uterwedde [1986] zur Industriepolitik Frankreichs. In ihr werden nur in einzelnen Punkten Fragestellungen aus dem Telekommunikationssektor aufgegriffen. Der Telekommunikationssektor als solcher wird nicht erfaßt.

5   Lediglich im Rahmen des internationalen Vergleichs zur jüngsten Geschichte der Regulierung im Telekommunikationssektor wird später auf sie Bezug genommen.

abschließende Kapitel *E. Beurteilung der Reform im europäischen Kontext* widmet sich schwerpunktmäßig der Analyse des zuvor Dargelegten in einem internationalen Vergleich. Die französische Reform wird nicht nur an der europäischen Entwicklung gespiegelt, weil der Europäische Binnenmarkt immer mehr an Aktualität gewinnt, sondern auch deshalb in diesen Kontext gebracht, weil im Europa der Zwölfergemeinschaft unterschiedliche kulturelle und wirtschaftspolitische Ansätze und Traditionen existieren, deren Aufeinandertreffen eine besondere Herausforderung darstellt.

Die Arbeit greift die Daten, Rechtsnormen und Entwicklungen auf, die bis Ende 1990 verfügbar oder erkennbar waren. Darüber hinaus konnten wesentliche politische Ereignisse aus dem ersten Halbjahr 1991 berücksichtigt werden, namentlich die Regierungsumbildung in Frankreich. Da die grundlegenden Rechtsnormen erst 1990 verabschiedet oder erlassen wurden, kann lediglich die künftige Verfassung der Regulierung vor dem Hintergrund der Geschichte zur Darstellung und Analyse herangezogen werden. Der gewählte Betrachtungszeitpunkt schließt mithin eine Begutachtung der neuen Regulierungspraxis aus. Erfahrungen aus anderen Staaten mit einer neuen Regulierung zeigen, daß neue Verfahren und Inhalte mehrere Jahre benötigen bis sie umgesetzt werden.[6]

---

6   So bietet zum Beispiel in der Bundesrepublik Deutschland die Deutsche Bundespost Telekom erst seit dem 1. Juli 1991 ein Angebot an Übertragungswegen nach den Erfordernissen des Poststrukturgesetzes an, das bereits seit dem 1. Juli 1989 gilt.

2. Überblick zum Telekommunikationssektor

2.1. Funktion der Telekommunikation

Die Übertragung von Informationen zwischen Sender und Empfänger mittels leitergebundener oder funktechnischer Verfahren wird als *Telekommunikation* bezeichnet.[7] Zwischen Sender und Empfänger gibt es drei Verkehrsarten.[8] Der Richtungsverkehr oder *Simplex*betrieb kennt nur einen gerichteten Informationsfluß von A nach B. Der Wechselverkehr oder *Halbduplex*betrieb zeichnet sich durch einen Informationsfluß aus, der abwechselnd von A nach B und von B nach A gerichtet ist. Der Gegenverkehr oder *Duplex*betrieb weist einen gleichzeitigen Informationsfluß von A nach B und von B nach A auf.

Die Telekommunikation, im Französischen 'la télécommunication', wird anhand von zwei idealtypischen Kommunikationsformen kategorisiert.[9] Das ist erstens die *Individualkommunikation*, im Französischen 'les télécommunications'. Hier kommunizieren mindestens zwei Teilnehmer miteinander, die jeweils als Sender und Empfänger auftreten. Das ist zweitens die *Verteilkommunikation*, im Französischen 'la communication audiovisuelle'. Hierbei handelt es sich um eine gerichtete Kommunikation von einem Sender zu ei-

---

7	Diese Definition stellt eine Synthese der Definitionen des französischen Code des Postes et Télécommunications und der Definition der deutschen Kommission für den Ausbau des technischen Kommunikationssystems (KtK) dar. Der französische Gesetzgeber entschied sich für folgende Definition: "On entend par télécommunication, toute transmission, emission ou réception de signes, de signaux, d'écrits, d'images et de sons ou de renseignements de toute nature, par fil, optique, radio-électricité ou autres systèmes électromagnétiques." (Code des P. et T., Art. L 32) Die KtK legte sich auf folgende Definition fest: "Telekommunikation bezeichnet Kommunikation zwischen Menschen, Maschinen und anderen Systemen mit Hilfe von nachrichtentechnischen Übertragungsverfahren." (KtK [1976], S. 21.)

8	Vgl. KtK [1976], S. 22.

9	Die Kategorisierung der Telekommunikationsdienste in Verteil- und Individualdienste sowie die Feststellung, daß Telekommunikationsdienste Informationen übertragen, ist durch die technische Entwicklung nicht obsolet geworden. Wenn es heute auch Telekommunikationsnetze gibt, die sowohl zur Individual- als auch zur Verteilkommunikation genutzt werden können, lassen sich die Telekommunikationsdienste weiterhin nach ihrer Kommunikationsform unterscheiden. Die Telekommunikationsformen sind lediglich nicht mehr an einen bestimmten Netztypus gebunden. Obgleich bei manchen Diensten zur Informationsübertragung auch Funktionen der Informationsverarbeitung hinzugekommen sind, bleibt die Informationsübertragung wesentliches Merkmal von Telekommunikationsdiensten.

ner Vielzahl von Empfängern. Bisweilen wird eine dritte Kommunikationsform 'viele zu einem' als Komplement zur Verteilkommunikation genannt.

Ein Telekommunikationssystem besteht aus einem Netz, Diensten und Endgeräten. Telekommunikations*netze* stellen Übertragungswege für den Transport von Informationen bereit. Telekommunikations*dienste* übermitteln Informationen zwischen Teilnehmern, die an das Telekommunikationsnetz angeschlossen sind. Ursprünglich beinhalteten Telekommunikationsdienste keine Informationsverarbeitung, sondern nur den Transport von Informationen. Das gilt heute für die Individualdienste nicht mehr. Gemeinhin werden sie in Basis- und Mehrwertdienste unterteilt. Die Abgrenzung zwischen den beiden Dienstekategorien wird nicht einheitlich vorgenommen[10]. In der Regel kann man von *Basis*diensten dann sprechen, wenn der Transport der Information wesentliches Merkmal des Dienstes ist, wie zum Beispiel beim Telefondienst. Dagegen basieren *Mehrwert*dienste auf Basisdiensten und erweitern diese um Funktionen der Informationsverarbeitung, wie zum Beispiel Buchungssysteme der Fluggesellschaften, die auf vermittelten Datenübertragungsdiensten aufsetzen. Das Telekommunikations*endgerät* bildet die Schnittstelle zwischen dem Teilnehmer und dem Telekommunikationsdienst. Dabei kann es sich sowohl um eine Mensch-Maschine-Schnittstelle (z.B. das Telefon) als auch um eine Maschine-Maschine-Schnittstelle (z.B. den Modem[11]) handeln.

An Hand von zwei typischen Telekommunikationsdiensten soll das zuvor Beschriebene näher erläutert werden.

Als typischer Vertreter eines Dienstes der Individualkommunikation gilt der Telefon- oder Fernsprechdienst. Hier wird die Sprache (Informationen) zwischen zwei Gesprächspartnern übertragen. Jeder der beiden Gesprächspartner spricht (sendet) und hört (empfängt) gleichzeitig (Duplexbetrieb) über einen Telefonapparat (Endgerät). Der Dienst besteht nun darin, die Sprache in Echtzeit von einem zum anderen Teilnehmer zu übertragen. Da die Teilnehmer nicht direkt miteinander verbunden sind, muß der Dienst eine Verbindung zwischen den beiden Gesprächspartnern herstellen (Vermittlung) und

---

10   Siehe: Kommission der Europäischen Gemeinschaften [1987], S. 34ff; OECD
      [1989a], S. 47ff; OECD [1989b], S. 33ff.

dann die Übertragung abwickeln. Die Individualkommunikation wird auch als vermittelte Kommunikation im Gegensatz zur Verteilkommunikation bezeichnet.[12]

Das Fernsehen ist ein typischer Vertreter eines Dienstes der Verteilkommunikation. Hier werden bewegte Bilder und Töne (Informationen) von einem Sender in Echtzeit zu vielen Empfängern übertragen. Das Fernsehempfangsgerät (Endgerät) kann die Bewegtbilder und Töne nur empfangen, selbst aber nicht senden (Simplexbetrieb).

Die hier gewählte Abgrenzung des Telekommunikationssektors schließt die Verteildienste Radio und Fernsehen, ihre Netze als auch die Radio- und Fernsehempfangsgeräte ein. Diesem Vorgehen stehen die historisch gewachsenen, das heißt die an den Tätigkeitsbereichen der Fernmeldeverwaltungen orientierten Abgrenzungen des Telekommunikationssektors gegenüber, die entweder nur auf die Individualkommunikation oder auf die Individualkommunikation und die Verteilkommunikation, aber unter Ausschluß der Radio- und Fernsehempfangsgeräte, abgestellt waren. Dafür hat sich im Deutschen die Bezeichnung Fernmeldewesen durchgesetzt. Nach der Erschließung des Telekommunikationssektors mit der obengenannten Abgrenzung in diesem Kapitel erfolgt in den folgenden Kapiteln eine Fokussierung der Betrachtung auf die Netze und Dienste der Individual- und Verteilkommunikation.

2.2. Sektorangebot

Der Telekommunikationssektor ist der Bereich einer Volkswirtschaft, der Telekommunikationssysteme bereitstellt und betreibt. Er soll weiter in die Telekommunikationsindustrie, die Netzträger und die Diensteanbieter unterteilt werden. Die Telekommunikationsindustrie produziert die Hard- und Software für Übertragungssysteme, Vermittlungssysteme und Endgeräte, also

---

11   Modem steht für Modulator-Demodulator.

12   Der Begriff vermittelte Kommunikation wird hier nicht verwendet, da auch eine Kommunikation zwischen mindestens zwei Teilnehmern, die jeweils als Sender und Empfänger auftreten, existiert, die keiner Vermittlung bedarf. Das ist zum Beispiel der Fall, wenn zwei Teilnehmer über Funk miteinander kommunizieren. In diesem Fall können Sender und Empfänger durch Absprachen (z.B. Codes)

die technischen Komponenten eines Telekommunikationssystems. Die Betreiber oder Träger eines Telekommunikationsnetzes stellen die Übertragungswege zur Verfügung, über die die Diensteanbieter ihre Telekommunikationsdienste anbieten. Netzträger und Diensteanbieter sind häufig vertikal integriert, wohingegen nur in wenigen Fällen eine vertikale Integration zwischen Industrie, Netzträger und Diensteanbieter existiert.[13]

Die Telekommunikationsindustrie ist ein Teil der Elektronikindustrie, die im allgemeinen in die fünf Bereiche Bauelemente, Informationstechnik, Kommunikationstechnik, Unterhaltungselektronik und Industrieelektronik unterteilt wird.[14] Die Telekommunikationsindustrie erfaßt vier der fünf Bereiche. Die unterhaltungselektronische Industrie liefert die Radio- und Fernsehempfangsgeräte, die kommunikationstechnische Industrie liefert Übertragungs- und Vermittlungseinrichtungen sowie Endgeräte für die Individualkommunikation. Die Informationstechnik liefert zunehmend Endgeräte für Dienste der Individualkommunikation und Hard- und Software für Mehrwertdienste. Die Bauelementeindustrie liefert den drei oben genannten Bereichen zu.

Bei den Netzträgern werden die Träger öffentlicher Netze von den Trägern privater Netze unterschieden. Private Netze dienen dem Eigengebrauch und schließen eine Nutzung durch Dritte aus. In der Regel verfügen Militär, Polizei, Energieversorgungsunternehmen, Eisenbahngesellschaften, Flugsicherung und Großunternehmen über private Netze. Träger öffentlicher Netze bieten entweder Diensteanbietern ihre Übertragungswege an oder treten selbst als Diensteanbieter auf.

Diensteanbieter setzen auf den Übertragungswegen der Netzträger auf und produzieren auf dieser Basis Telekommunikationsdienste.[15]

---

sicherstellen, daß nur ein ganz bestimmter Empfänger die Informationen des Senders empfangen und auswerten kann.

13   Insbesondere sind das die beiden vertikal integrierten Unternehmen AT&T und Northern Telecom aus den USA und Canada.

14   So geht zum Beispiel die OECD bei ihren Analysen vor.

15   Im ISO-Referenzmodell entspräche das vom Netzträger bereitgestellte Vorprodukt dem physikalischen Medium und der untersten Schicht (Vgl. Tietz [1987], S. 25ff.).

2.3. Sektornachfrage

Die Nachfrage nach Produkten und Diensten des Telekommunikationssektors, so die Prognosen, soll deutlich schneller wachsen als die gesamtwirtschaftliche Nachfrage. Die zahlreichen Prognosen, die die künftige Entwicklung des Telekommunikationssektors betreffen, unterscheiden sich durchweg hinsichtlich ihrer zeitlichen und sachlichen Abgrenzung. Eine Bewertung der Ergebnisse an Hand der methodischen Ansätze und Prämissen der Prognosen ist kaum möglich, da die meisten Prognostiker ihr Vorgehen nicht offenlegen.[16] Die Prognosen erfüllen im wesentlichen die Funktion, mittel- und langfristige Trends anzugeben, an denen sich Wirtschaft und Politik bei ihren Planungen orientieren. Dabei ist zu berücksichtigen, daß durch Prognosen auch versucht wird, Entscheidungen zu beeinflussen.

Für den Bereich der Individualkommunikation läßt sich von 1974 bis 1985 folgendes beobachten: Während in allen OECD-Staaten der Anteil der Einnahmen aus dem Verkauf von Fernmeldediensten am Bruttosozialprodukt zugenommen hat, so zum Beispiel in Frankreich von 1,13% auf 2,10%, wies die Entwicklung der Investitionen im Fernmeldewesen keinen eindeutigen Trend auf.[17] In Staaten mit einer gut ausgebauten Netzinfrastruktur, zum Beispiel in den USA, ging der relative Anteil der Investitionen in Telekommunikationsnetze und -dienste an den Bruttoanlageinvestitionen der gesamten Wirtschaft zurück. In Ländern mit Nachholbedarf, zum Beispiel in Frankreich, nahm der Anteil dagegen zu.

Das Wachstum im Fernmeldesektor, das bis in die achtziger Jahre vom Fernsprechdienst getragen wurde, so wird allgemein erwartet, soll künftig von den Mehrwertdiensten und vom Mobilfunk bestimmt werden. Für den Fernsprechdienst sei eine Marktsättigung absehbar. Bei den Mehrwertdiensten werde ein Wachstumsschub einsetzen, der durch die Vernetzung von bislang

---

16 Einen guten Überblick zu den Prognosen geben: Dörrenbacher / Oesterheld [1988].

17 So stieg ihr Anteil an den gesamten Bruttoanlageinvestitionen in Frankreich von 1974 bis 1985 von 1,9% auf 3,1% und fiel in den USA von 4,0% auf 2,9%. Absolut wiesen beide Staaten ein Investitionsmaximum Mitte bis Ende der siebziger Jahre auf. (Vgl. OECD [1987], S. 94ff.)

isolierten Computern ausgelöst werde.[18] Im Mobilfunk werden durch signifikante technologische Innovationen und die damit verbundenen Kostenreduk-
tionen neue Anwendungsmöglichkeiten und Märkte erschlossen.

Für den Bereich der Verteilkommunikation ist eine Abschätzung der Nachfrage nach Übertragungsleistungen schwer, da sie selten isoliert ausgewiesen
werden. Zu den bisher existierenden Übertragungssystemen für Verteildienste,
vornehmlich Netze terrestrischer Sender, sind Kabelnetze und Satelliten zur
Verbreitung von Radio- und Fernsehprogrammen hinzugekommen. Die Nachfrage nach Radio- und Fernsehempfängern hat, bezogen auf den Gesamtumsatz der Unterhaltungselektronik, stark an Bedeutung eingebüßt.[19] Mit der
Einführung des digitalen Rundfunks und des hochauflösenden Fernsehens
(HDTV) wird allerdings eine starke Zunahme der Nachfrage nach Übertra-
gungseinrichtungen sowie Radio- und Fernsehempfängern erwartet.

Die Nachfrage nach Telekommunikationsdiensten ist je nach Kommunikationsform unterschiedlich strukturiert. Nutzer von Individualdiensten sind
sowohl private Haushalte als auch Wirtschaft und Verwaltung. Die Intensität
der Nutzung durch Wirtschaft und Verwaltung liegt wesentlich über der privater Haushalte.[20] Nutzer von Verteildiensten sind fast ausschließlich private Haushalte.

---

18   Vgl. von Weizsäcker [1987].

19   Vgl. Vickery [1989], S. 116.

20   Eine ganze Reihe von Individualdiensten werden gegenwärtig fast ausschließlich
     von Wirtschaft und Verwaltung genutzt, so zum Beispiel Telefax und Telex.
     Dagegen werden Telefon- und Videotex in erheblichem Umfang von Privathaus-
     halten genutzt. So waren in Frankreich und in der Bundesrepublik Deutschland
     1983 ca. 12% der Telefonhauptanschlüsse rein geschäftlicher Natur und erbrach-
     ten ca. 42-44% der Einnahmen im Gesprächsverkehr (Daten für Frankreich nach:
     DGT / DPAF [1984], S. 69f; Daten für die Bundesrepublik Deutschland nach
     eigenen Berechnungen).

3. Regulierungsbedarf

3.1. Staatsintervention und Unternehmenspolitik

Die Wirtschaftspolitik kann einen Wirtschaftssektor unter strategischen Gesichtspunkten durch zwei grundsätzlich verschiedene Ansätze behandeln. Der erste Ansatz besteht in einer Ordnungspolitik, die vollkommen sektorunspezifisch ist. In dem Rahmen, der durch die Ordnungspolitik gesetzt wird, können sich die Unternehmen frei bewegen und ihre Strategien verwirklichen. Der zweite Ansatz besteht in spezifischen Eingriffen des Staates in einen bestimmten Wirtschaftssektor. Innerhalb eines ordnungspolitischen Rahmens werden je nach der wirtschaftspolitischen Zielsetzung der Regierung unterschiedlich intensive Eingriffe in Wirtschaftssektoren vorgenommen. Die Eingriffe werden entweder strukturpolitisch oder regulierungspolitisch begründet. Der Rahmen, in dem sich ein Unternehmen frei bewegen und seine Strategien verwirklichen kann, wird durch die Eingriffe der Regulierung und Sektorpolitik enger. Solche Staatsinterventionen müssen sich aber nicht zwangsläufig in einer Reduzierung der Gewinnmöglichkeiten der betroffenen Unternehmen niederschlagen.

Der Telekommunikationssektor ist eines der klassischen Felder von Staatsinterventionen. Nachfolgend werden die generellen, also die nicht auf einen bestimmten Sektor ausgerichteten Konzeptionen für Regulierung, Sektorpolitik und Unternehmensstrategien dargestellt und analysiert. Im Anschluß daran wird dann die Begründung von Regulierungseingriffen des Staates in den Telekommunikationssektor behandelt.

Unter Regulierung wird verstanden, daß der Staat im öffentlichen Interesse in Märkte eingreift, die ein Marktversagen aufweisen. Die Regulierung kontrolliert sonst autonome Entscheidungen von Unternehmen, namentlich Entscheidungen über Angebot (Markteintritt), Produktion und Verkauf von bestimmten Gütern.

Marktversagen liegt dann vor, wenn eine Allokation über die Märkte ineffizient ist. Drei Fälle von Marktversagen sind hier zu betrachten. Beim ersten Fall handelt es sich um das natürliche Monopol. Hier soll die Regulierung einen ineffizienten Marktzutritt verhindern und gleichzeitig die Kunden des Monopolisten vor Ausbeutung durch Monopolpreise schützen. Beim zweiten

Fall handelt es sich um ruinösen Wettbewerb. Hier soll die Regulierung in einem Markt das Ausscheiden effizienter Wettbewerber gegenüber weniger effizienten Wettbewerbern verhindern. Beim dritten Fall handelt es sich um das Vorliegen externer Effekte. Die Regulierung hat hier die Aufgabe, durch geeignete Maßnahmen die negativen externen Effekte beim Verursacher zu internalisieren und die positiven externen Effekte zu fördern. Positive externe Effekte treten insbesondere bei öffentlichen Gütern auf. Die Regulierung soll zu ihrer Bereitstellung beitragen, wo sie dafür geeignet ist.[21]

Die Regulierung kann sich auf eine Reihe von Instrumenten stützen, die den Marktzutritt eines Unternehmens, die Produktion und den Verkauf eines Gutes kontrollieren:

- Der Marktzutritt wird in regulierten Märkten über Zulassungsverfahren geregelt, die entweder alle Bewerber berücksichtigen, die gewisse Bedingungen erfüllen (Registrierung), oder aus einem Bewerberkreis nur eine beschränkte Anzahl - im Extremfall nur einen - von den Bewerbern nach bestimmten Kriterien auswählen (Lizenzierung).

- Die Produktion kann hinsichtlich der Quantität und der Qualität reguliert werden. Die Qualität wird durch die Vorgabe von Qualitätsanforderungen für das Produkt (z.B. Ausfallsicherheit von Fernsprechanschlüssen) und für den Produktionsprozeß (z.B. Höchstwerte für Emissionen) bestimmt. Die Quantität wird implizit über die Regulierung des Preises und der Verkaufskonditionen gesteuert.

- Der Wettbewerb wird durch die Kontrolle oder die Genehmigung des Verkaufspreises, durch die Festsetzung von Verkaufskonditionen (z.B. Nichtdiskriminierung von Kunden als Auflage) reguliert. Im Zusammenhang mit der Preiskontrolle sind Fragen der Zulässigkeit von Quersubventionierungen zu behandeln.

In der folgenden Tabelle werden die Sektor- und die Regulierungspolitik miteinander verglichen. Der Vergleich erfolgt in zwei Stufen. Zuerst werden die Ziele und dann die Instrumente gegenübergestellt.

---

21   Vgl. Breyer / MacAvoy [1987] und Müller / Vogelsang [1979].

Tabelle A.3.1: *Vergleich der Ziele und Instrumente von Sektorpolitik und Regulierung*

	Sektorpolitik	Regulierung
Ziele	Internationale Wettbewerbsfähigkeit Wirtschaftswachstum Nationale Unabhängigkeit Sozialer Friede	Beseitigung von Marktversagen - natürliches Monopol - ruinöser Wettbewerb - externe Effekte
Instrumente	Ausnahmeregelungen - Wettbewerbsrecht - Steuerrecht - Zölle Risikominderung - Abnahmegarantie - Staatsbürgschaft Subventionierung - Transferzahlungen - Zinssubventionen - Staatsaufträge Staatstätigkeit - Unternehmen - Verwaltung	Kontrolle des Marktzutritts - Lizenzierung - Registrierung Kontrolle der Produktion - Quantität - Qualitätstandards Wettbewerbskontrolle - Preis - Konditionen - Quersubventionierung

Die Sektorpolitik entwickelt anhand von Vorstellungen über den langfristigen Wandel und die sozioökonomische Bedeutung eines Sektors Ziele zur Beeinflussung des sektoralen Strukturwandels. Im wesentlichen läßt sich der Zielkatalog der Sektorpolitik auf die vier grundlegenden Ziele Förderung der internationalen Wettbewerbsfähigkeit, Sicherung der nationalen Unabhängigkeit, Förderung des Wirtschaftswachstums und Sicherung des sozialen Friedens konzentrieren. Diese Ziele wirken in drei Richtungen, sie sind entweder auf Erhalt, auf Anpassung oder auf Gestaltung von Sektoren ausgerichtet. Sektorale Strukturpolitik orientiert sich entweder an dem Leitbild punktueller Eingriffe in verschiedenen Sektoren oder an dem einer umfassenden Planung für alle Sektoren.[22]

---

22   Vgl. Hamm [1988] und Neumann / Uterwedde [1986].

Die Sektorpolitik grenzt in der Regel ihre Objekte nicht entsprechend der Dreiteilung primärer, sekundärer und tertiärer Sektor ab, sondern konzentriert sich auf kleinere Einheiten, wie zum Beispiel Branchen oder einzelne Unternehmen. Unter Industriepolitik soll im folgenden eine auf den sekundären Sektor ausgerichtete Sektorpolitik verstanden werden.

Der Sektorpolitik stehen im wesentlichen vier Typen von Instrumenten zur Verfügung.

- Die Ausnahmeregelung: Hier werden Sonderregelungen im geltenden Wettbewerbsrecht genutzt (Erlaubnis für Kartelle und Fusionen, Einräumung von Monopolrechten, Aussetzung des Marktpreises, etc.), über sektorspezifische Steuern der Unternehmensgewinn oder Absatz beeinflußt (Sonderabschreibungsmöglichkeiten, Differenzierung von Verbrauchssteuern, usf.) und über Sonderzölle die inländischen Produzenten geschützt.

- Die Risikominderung: Den Unternehmen wird zum Beispiel durch Abnahmegarantien des Staates die Produktplanung erleichtert oder durch Exportbürgschaften wird der Verkauf ins Ausland abgesichert.

- Die Subventionierung: Unternehmen erhalten vom Staat Finanzhilfen ohne dafür eine "marktliche Gegenleistung"[23] zu erbringen. Darunter fallen direkte Zahlungen an Unternehmen, die Gewährung von Krediten zu Zinsen unter dem Marktzins durch staatliche Kreditinstitute und die Subventionierung von Unternehmen durch überhöhte Einkaufspreise des Staates.

- Die Staatstätigkeit: Der Staat kann durch Unternehmen in Staatsbesitz oder durch die staatliche Verwaltung (z.B. Forschungsinstitute an Universitäten) direkt in einem Sektor intervenieren.[24]

---

23 Andel [1988], S. 491.

24 Die Dichotomie Staatsverwaltung - Unternehmen in Staatseigentum soll die Vielfalt der staatlichen Interventionsmöglichkeiten über mehr oder weniger unabhängige Institutionen auf zwei wesentliche Aspekte reduzieren: Während die staatliche Verwaltung als Teil des Staatsapparats unmittelbarer Vollstrecker staatlicher Gewalt ist, vollstreckt die Unternehmung in Staatseigentum die Staatsge-

Allgemein gilt in einer Marktwirtschaft, daß der Unternehmer oder Eigentümer einer Unternehmung einen möglichst hohen Gewinn seines Unternehmens sichergestellt wissen will. Daraus leitet sich das strategische Ziel für Unternehmen ab, existierende Erfolgspotentiale zu sichern und neue zu erschließen. Wenn ein Unternehmen in der Gegenwart nicht in der Lage ist, neue Erfolgspotentiale zu gewinnen und alte abzusichern, dann wird es in der Zukunft keine Gewinne erwirtschaften und schließlich illiquide werden.[25]

Für öffentliche Unternehmen gilt das vom Gewinnmaximierungsprinzip abgeleitete Ziel nicht. Öffentliche Unternehmen werden von ihren öffentlichen Eigentümern als Instrument zur Verwirklichung von Sachzielen unter Berücksichtigung von Formalzielen eingesetzt. Sachziele legen das Unternehmen auf Produkte oder Dienstleistungen fest, die es bereitzustellen hat. Formalziele präzisieren die finanzwirtschaftlichen Bedingungen, die bei der Erfüllung der Sachziele gelten.[26] Die Zahl der strategischen Alternativen, die sich dem Management eines öffentlichen Unternehmens bieten, ist schon durch die Festlegung von Sachzielen weit geringer als die, vor die sich das Management eines idealtypischen Unternehmens gestellt sieht.

Unternehmensstrategien sind gemeinhin auf die Programmplanung fixiert. Die klassische strategische Programmplanung kann als ein dreistufiger Prozeß beschrieben werden. Zunächst werden Produktvorschläge aus einer Vielzahl von Produktideen mit Hinblick auf ihre Realisierungschance ausgewählt. Dann werden Deckungsbeiträge für die Produktvorschläge geschätzt. Schließlich wird ein Produktprogramm festgelegt, das eine Stabilität der Zielerreichung sicherstellen soll. Diese Stabilität wird durch Streuung des Risikos bei der Produktplanung, durch einen Cash-flow-Transfer aus erfolgreichen

---

walt nur mittelbar und besitzt eine durch die privatrechtliche Unternehmensverfassung abgesicherte Autonomie in Fragen der Unternehmensführung.

25   Das bedeutet, daß die Sicherung und Gewinnung von Erfolgspotentialen durch die strategische Unternehmensplanung eine Gewinn-Vorsteuerung darstellt, so wie die Erfolgssteuerung eine Liquiditäts-Vorsteuerung darstellt (vgl. Gälweiler [1981], S. 85ff.)

26   Vgl. Thiemeyer [1975], S. 28ff.

Märkten in neue vielversprechende Märkte und eine Verstetigung des Ergebnisses angestrebt.[27]

Der Kern der strategischen Programmplanung eines Unternehmens ist die Schätzung von Ergebnisbeiträgen der Produktvorschläge. Dafür haben sich die Hilfsmittel Erfahrungskurve, Produkt-Lebenszyklus und Marktwachstums-/Marktanteilsmatrix eingebürgert. Die methodischen Ansätze dieser Hilfsmittel werden von Porter kritisiert. Er verweist auf die Gefahr, auf wenigen Schlüsselvariablen eine umfassende Unternehmensstrategie aufzubauen. Er sieht die Notwendigkeit, einen Ansatz zum Verständnis von Industriestruktur und dem Verhalten der Wettbewerber zu entwickeln und daraus Unternehmensstrategien abzuleiten.[28]

In einer Industrie mit Wettbewerb gibt es nach Porter fünf grundlegende Wettbewerbskräfte. Sie bestimmen das Erfolgspotential in einem bestimmten Markt. Die Strategie eines Unternehmens wird nach Porter darauf ausgerichtet sein, eine sichere Position gegenüber diesen Kräften zu beziehen und, soweit nicht exogene Faktoren diese Kräfte bestimmen, sie zugunsten des Unternehmens zu beeinflussen.[29] Die fünf Wettbewerbskräfte sind:

- Bedrohung durch Marktzutritt

- Verhandlungsmacht von Lieferanten

- Verhandlungsmacht von Kunden

- Bedrohung durch Substitutionsprodukte

- Wettbewerbsintensität

---

27 Vgl. Arbeitskreis 'Langfristige Unternehmensplanung' der Schmalenbach-Gesellschaft [1981], S. 25ff.

28 Vgl. Porter [1982], S. 183ff.

29 "The goal of competitive strategy for a business unit in industry is to find a position in the industry where the company can best defend itself against these competitive forces or can influence them in its favor." (Porter [1980], S. 4.)

Porter erkennt drei Gattungen von Unternehmensstrategien, nämlich die der Kostenführerschaft, die der Differenzierung und die der Fokussierung.[30]

3.2. Begründung von Regulierung im Telekommunikationssektor

Nachfolgend soll geprüft werden, ob die drei Formen von Marktversagen - natürliches Monopol, ruinöser Wettbewerb und externe Effekte - im Telekommunikationssektor vorliegen und demnach Regulierungseingriffe des Staates erfordern.

Ein natürliches Monopol ist dadurch gekennzeichnet, daß ein einziger Anbieter einen bestimmten Output an Gütern kostengünstiger produzieren kann als mehrere Anbieter zusammen.[31] Die Kosten $C(q)$, die der eine Anbieter bei der Prokuktion der Menge q aufweist, sind in diesem Fall geringer als die Summe der Kosten $C(q_1) + C(q_2) + ...+ C(q_n)$, die die n Anbieter aufweisen.[32]

$$q = q_1 + q_2 + ... + q_n$$

$$C(q) < C(q_1) + C(q_2) + ...+ C(q_n)$$

Wenn ein Anbieter eine bestimmte Menge an Gütern kostengünstiger produzieren kann als mehrere Anbieter zusammen, dann bedeutet das nicht zwangsläufig, daß nur ein Anbieter am Markt auftreten und bestehen kann. In einem sogenannten 'unsustainable market' oder nicht-zutrittsresistenten

---

30   Vgl. Porter [1980], S. 34ff.

31   Vgl. Littlechild [1979], S. 199ff.

32   Diese enge betriebswirtschaftliche Sicht des natürlichen Monopols kann in eine volkswirtschaftliche Sicht überführt werden, das heißt die volkswirtschaftlichen Kosten sind an die Stelle der betriebswirtschaftlichen Kosten zu setzen. "Ein natürliches Monopol sollte dadurch gekennzeichnet sein, daß es in der Lage ist, eine bestimmte Nachfrage zu geringeren volkswirtschaftlichen Kosten zu befriedigen, als mehrere kleinere Unternehmen. Die Verengung des Blickwinkels auf die betriebswirtschaftlichen Kosten übersieht, um nur ein Beispiel zu nennen, daß unter Umständen ein Monopol dem Konsumenten erhebliche Informationskosten ersparen kann." (Wieland [1983], S. 79).

Markt[33] ist durch den Kostenverlauf zwar die Gesamtnachfrage am kostengünstigsten durch einen Anbieter zu erbringen, doch ein Teil q^* der Gesamtnachfrage q ist zu Stückkosten unter den Stückkosten der Gesamtnachfrage
zu realisieren:

$$\frac{C(q^*)}{q^*} < \frac{C(q)}{q}$$

Dabei gilt auch weiterhin, daß ein Anbieter die Menge q kostengünstiger
produzieren kann als mehrere Anbieter zusammen. Daraus folgt, daß der
Markteintritt des Anbieters, der q^* in Konkurrenz zum bisherigen Allein-
anbieter produziert und am Markt auftritt, zu steigenden Gesamtkosten bei
einem unveränderten Gesamtoutput führt:

$$C(q) < C(q-q^*) + C(q^*)$$

Diese Situation ist volkswirtschaftlich unerwünscht. Der Zutritt des zweiten
Anbieters zum Markt müßte demzufolge verhindert werden. Gleichwohl bestehen gemeinhin grundlegende Bedenken, ob in der Praxis überhaupt ein
nicht-marktzutrittsresistentes natürliches Monopol nachzuweisen ist.[34] Damit
würde dann allerdings auch kein Eingriff in das Marktgeschehen zu rechtfer-
tigen sein.

Es bleibt also nur das marktzutrittsresistente natürliche Monopol als Objekt.
Heute besteht weder in der Wissenschaft noch in der Politik Einigkeit darüber, ob im Telekommunikationssektor ein marktzutrittsresistentes Monopol
vorliegt.[35] Die meisten Anhaltspunkte für die Existenz eines natürlichen
Monopols im Telekommunikationssektor liegen im Bereich der leitergebun-

---

33   Zur Theorie des 'unsustainable market' siehe das grundlegende Werk von Baumol
     / Panzar / Willig [1982], S. 197ff.

34   Vgl. Wieland [1983], S. 73ff.

35   Beispielhaft sollen hier für den politischen Bereich die Position der Bundesregie-
     rung aus dem Jahr 1988 (Bundesminister für das Post- und Fernmeldewesen
     [1988b], S. 42ff.) und für den wissenschaftlichen Bereich die Untersuchungen des
     Wissenschaftlichen Instituts für Kommunikationsdienste (Vgl. Elixmann [1990])
     genannt werden.

denen Übertragungswege vor, die die Teilnehmer an die Netzknoten oder Vermittlungsstellen anschließen, den sogenannten Ortsnetzen.

Unbestritten ist jedoch, daß im Telekommunikationssektor wesentliche Monopole und marktbeherrschende Anbieter existieren,[36] die in zweierlei Hinsicht zu regulieren sind.

-   Zum einen sind die Kunden der monopolistischen oder marktbeherrschenden Anbieter vor der Macht des Anbieters durch eine Preis- und Qualitätskontrolle sowie durch die Auferlegung eines Kontrahierungszwangs zu schützen.

-   Zum anderen sind die Wettbewerber der marktbeherrschenden Anbieter oder Monopolisten vor unfairen Wettbewerbspraktiken zu schützen, um einen ruinösen Wettbewerb zu verhindern. So ist zum Beispiel durch die Regulierung zu verhindern, daß ein Netzmonopolist seine Gewinne aus dem Monopol dazu verwendet, Wettbewerber aus dem Markt zu drängen, die mit ihm im Dienstewettbewerb stehen.

Diese Aufgabenbereiche decken nicht alle fünf von Porter identifizierten Wettbewerbskräfte ab, die ein Unternehmen zu seinen Gunsten beeinflussen will. Insbesondere wird bei der auf den Wettbewerb (bei Porter: Bedrohung durch Marktzutritt, Bedrohung durch Substitutionsprodukte und Wettbewerbsintensität) und den Kunden (bei Porter: Verhandlungsmacht von Kunden) fokussierten Regulierung der Beschaffungsmarkt (bei Porter: Verhandlungsmacht von Lieferanten) außer acht gelassen. Hier ergänzen oder überschneiden sich häufig industriepolitische Strategien zum Aufbau oder Erhalt einer informationstechnischen Industrie und einer Politik zur Förderung von Forschung und Entwicklung, die durch positive externe Effekte legitimiert wird.

Drei Arten von externen Effekten existieren im Telekommunikationssektor oder gehen von ihm aus. Erstens sind das die externen Effekte innerhalb eines Dienstes oder zwischen unterschiedlichen Diensten, zweitens liegen ex-

---

36   So hat sich in Großbritannien der Hauptkonkurrent der British Telecom, dem dominanten Netzträger und Diensteanbieter, für 1990 das Ziel gesetzt, 5% des Umsatzes des Gesamtmarktes zu erreichen (Vgl. Morgan / Davis [1989], S. 277).

terne Effekte zwischen den Telekommunikationsdienstleistungen und der Ge-
sellschaft vor und drittens kommt es in vielen Volkswirtschaften zu externen
Effekten zwischen den Netzträgern und Diensteanbietern einerseits und der
Telekommunikationsindustrie andererseits.

Externe Effekte innerhalb eines Dienstes oder zwischen unterschiedlichen
Diensten sind unter dem Begriff Netzexternalitäten in die wirtschaftswissen-
schaftliche Theorie eingegangen. Für einen existierenden Dienst gilt, daß je
mehr Nutzer sich an den Dienst anschließen, um so größer ist der Nutzen
des Dienstes für die bereits angeschlossenen Nutzer. Die Entscheidung des
neuen Nutzers, sich an den Dienst anzuschließen, hat einen positiven externen Effekt auf die bereits angeschlossenen Nutzer, denn sie erhalten einen
Zusatznutzen ohne dafür zahlen zu müssen.[37] Zwei Dienste mit der gleichen
oder einer weitgehend gleichen Funktion, die getrennt voneinander betrieben
werden und keinen Übergang untereinander aufweisen, können durch die Herstellung eines Übergangs einen höheren Nutzen für ihre Nutzer erzielen,
wenn die Nutzer miteinander kommunizieren wollen.[38] Als Beispiele dafür
können die Verbindung von zwei nationalen Telefondiensten oder die von
zwei Ortsnetzen des Telefondienstes herangezogen werden. Der Übergang
von einem Dienst zu einem anderen setzt allerdings voraus, daß die Dienste
überhaupt zusammengeschaltet werden können, also technisch kompatibel
sind oder kompatibel gemacht werden können.

Unter regulierungspolitischen Gesichtspunkten ist zu bewerten, wie diese
zuletzt genannten positiven externen Effekte am besten zu erreichen sind.
Drei idealtypische Modelle sind denkbar. Das erste Modell sieht für den
Regulierungsbereich jeweils nur einen Dienst vor. Das zweite Modell geht
von einer Vielzahl kompatibler Dienste aus, das heißt nur untereinander
kompatible Diensteanbieter erhalten eine Lizenz. Das dritte Modell greift
nicht in das Marktgeschehen ein.

Die Produktion von Telekommunikationsdienstleistungen hat durch ihre Infra-
struktureigenschaften positive externe Effekte auf die Gesellschaft und die

---

37   Vgl. Littlechild [1979], S. 173ff. / Neumann [1984], S. 47ff.

38   Vgl. Besen / Saloner [forthcoming].

Volkswirtschaft eines Landes. Das Fehlen einer adäquaten Telekommunikationsinfrastruktur führt zu Fehlallokationen, da Informationen nicht oder nicht rechtzeitig beschafft bzw. ausgetauscht werden können. Im gesellschaftlichen Bereich wird mit einer ausgebauten Telekommunikationsinfrastruktur in der Regel der freie Zugang zu und der Austausch von Informationen und Meinungen, aber auch die rasche Hilfe in Notlagen durch Herbeirufen von Rettungsdiensten, Polizei oder Katastrophenschutz verbunden. Die Regulierung fördert in der Regel die oben genannten positiven externen Effekte, indem sie einen Mindestausbau für bestimmte Dienstleistungen vorschreibt (z.B. ein flächendeckendes Netz von öffentlichen Fernsprechstellen als Notfallmeldestellen), Benutzergruppen diskriminiert (z.B. erhält die Presse einen Sondertarif gegenüber dcn normalen Nutzern), Qualitätsziele festlegt (z.B. Ausfallsicherheit für die Anschlüsse der Rettungsdienste, Polizei und Katastrophenschutzeinrichtungen) oder Ausbauziele definiert (z.B. flächendeckende Versorgung durch einen lizenzierten Mobilfunkanbieter).

Zwischen den Netzbetreibern und Diensteanbietern einerseits und der Telekommunikationsindustrie andererseits sind in einer Reihe von Ländern besondere Beziehungen entstanden. Dort profitiert die Industrie davon, daß sie nicht selbst für einen Teil ihrer Forschungs- und Entwicklungsaufwendungen aufkommen muß. Diese Aufwendungen werden durch Netzbetreiber und Diensteanbieter in eigenen Einrichtungen erbracht und dann der Industrie zur Verfügung gestellt (z.B. in Frankreich), durch Subventionen der Netzbetreiber und Diensteanbieter an die Industrie (z.B. in Frankreich) geleistet oder über überhöhte Einkaufspreise der Netzbetreiber und Diensteanbieter bei der Industrie finanziert (z.B. in der Bundesrepublik Deutschland). In allen drei Fällen ist es das Ziel, die nationale Industrie für den internationalen Wettbewerb zu stärken.[39]

Für die Erreichung dieses Ziels haben die Nutzer der Telekommunikationsdienstleistungen mehr für ihren Konsum zu zahlen als ohne die Subventionierung der heimischen Industrie. Die Verhandlungsmacht der Netzbetreiber und Diensteanbieter gegenüber der Industrie ist natürlich durch eine solche

---

39 Vgl. Schnöring / Grupp [1990], S. 16ff.

nationale Förderung von Forschung und Entwicklung erheblich eingeschränkt,
da sie als Träger einer industriepolitischen Strategie in die Politik des Staates eingebunden werden und nicht nur unternehmenspolitische Zielsetzungen
verfolgen können.

Die Regulierung von Netzbetreibern und Diensteanbietern im Telekommunikationssektor basiert also im wesentlichen auf dem Bestreben, den Miß-
brauch von Marktmacht gegenüber den Kunden auszuschließen, ruinösen
Wettbewerb zu verhindern und positive externe Effekte zu fördern. Bislang
stand die Förderung von positiven externen Effekten als Zielsetzung im Vordergrund, die häufig über den Einsatz von Monopolunternehmen realisiert
werden sollten. Heute wird dagegen der Einsatz von Monopolunternehmen für
diesen Zweck mehr und mehr hinterfragt. Das führte in einer ganzen Reihe
von Fällen[40] dazu, daß Monopolisten ihr Monopol verloren. Diese Ex-Mono-
polisten, die durch ihre in der Monopolzeit aufgebaute Stellung weiterhin
marktbeherrschend sind, werden nunmehr nicht mehr nur einer Kontrolle
ihres Verhaltens gegenüber ihren Kunden, sondern auch gegenüber neu in den
Markt eintretenden Wettbewerbern unterworfen.

---

40 An erster Stelle ist hier die British Telecom zu nennen.

B. GESCHÄFTSFELDER DES TELEKOMMUNIKATIONSSEKTORS

Im folgenden Kapitel wird eine Form entwickelt, die eine relativ einfache Darstellung und Analyse des Telekommunikationssektors ermöglichen soll. Die Formbildung basiert auf allgemein bekannten Ansätzen der mikroökonomischen Theorie und auf empirischen Daten des Telekommunikationsmarktes.

Im Anschluß an die Formbildung werden die einzelnen Formen, die Geschäftsfelder, vorgestellt. Dabei werden die in einem Geschäftsfeld zusammengefaßten Produkte oder Dienste funktional beschrieben und wesentliche ökonomische Daten und Strukturen dargelegt.

Schließlich wird als Zusammenfassung zu diesem Kapitel eine synoptische Übersicht zu den Geschäftsfeldern des Telekommunikationssektors gegeben.

1. Auswahl und Abgrenzung der Geschäftsfelder

Der Telekommunikationssektor umfaßt nach der in dem einführenden Kapitel vorgestellten Abgrenzung die Telekommunikationsindustrie, die Netzbetreiber und die Diensteanbieter. Die Güter, die die Telekommunikationsindustrie herstellt, sollen im folgenden nicht weiter betrachtet werden, weil sie den Aktivitäten der Netzbetreiber und Diensteanbieter lediglich vor- oder nachgelagert sind.

Die ins Auge gefaßten Geschäftsfelder umfassen demnach das Angebot von Netzen und Diensten ohne die von der Telekommunikationsindustrie hergestellten komplementären Güter, die entweder als Vorprodukt in den Produktionsprozeß der Netzbetreiber und Diensteanbieter eingehen (im wesentlichen übertragungs- und vermittlungstechnische Einrichtungen) oder dem Netzbetrieb oder Diensteangebot nachgelagert sind (im wesentlichen einfache Endgeräte und komplexe Endstelleneinrichtungen).

Die komplementären Beziehungen zwischen den Produkten der Telekommunikationsindustrie einerseits und denen der Netzbetreiber und Diensteanbieter andererseits erlauben es, zwei Märkte abzugrenzen. Der staatliche Eingriff in den Telekommunikationssektor zielt in der Regel auf den Markt der

Netzbetreiber und Diensteanbieter, nicht auf die Telekommunikationsindustrie. Gleichwohl haben diese staatlichen Eingriffe über die komplementären Beziehungen Folgewirkungen auf die Telekommunikationsindustrie.

Der Markt der Netzbetreiber und Diensteanbieter soll mit Hilfe der Kreuzpreiselastizitäten zwischen den einzelnen Produkten in Geschäftsfelder unterteilt werden. Es sollen Geschäftsfelder so abgegrenzt werden, daß zwischen
den Produkten der einzelnen Geschäftsfelder keine (Kreuzpreiselastizität = 0)
oder nur eine sehr geringe (positive) Kreuzpreiselastizität existiert. Bei einer
positiven Kreuzpreiselastizität liegt eine substitutive, bei einer negativen
Kreuzpreiselastizität eine komplementäre Beziehung zwischen zwei betrach-
teten Gütern vor. Eine Kreuzpreiselastizität von Null bedeutet, daß weder
eine subsitutive, noch eine komplementäre Beziehung zwischen den beiden
Gütern existiert.[1]

Da keine systematischen Untersuchungen zur Quantifizierung der Kreuzpreiselastizitäten zwischen den Produkten von Netzbetreibern und Diensteanbietern vorliegen, ist eine qualitative Betrachtung erforderlich. Es wird dabei
mit Hilfe von sachlichen Kriterien die Abgrenzung der Geschäftsfelder vorgenommen.

Bei diesem Vorgehen werden jeweils zu einer Funktion zwei alternative
technische Lösungen angegeben, die auf der Nachfrageseite eine Kreuzpreiselastizität von Null erwarten lassen. Das bedeutet, daß es zwischen den beiden alternativen Lösungen für eine Funktion weder eine substitutive noch
eine komplementäre Nachfrage gibt. Die Kreuzpreiselastizitäten werden für
die Endnachfrage bestimmt. Die Betrachtung erstreckt sich also nicht auf
die Beziehung der Nachfrage zwischen End- und Vorprodukt.[2] Im einzelnen

---

1   Vgl. dazu die beiden mikroökonomischen Lehrbücher: Varian [1990], S. 111f.;
     Schumann [1971], S. 207f. und S. 235ff.

2   Würde zum Beispiel die Beziehung der Nachfrage nach dem Endprodukt Funkte-
     lefondienst mit der Nachfrage nach dem Vorprodukt Übertragungsweg unter-
     sucht, so würde eine komplementäre Beziehung erkennbar. Diese Komplementari-
     tät bedeutet, daß bei steigender Nachfrage nach dem Endprodukt Funktelefon-
     dienst auch die Nachfrage nach dem für seine Herstellung benötigten Vorprodukt
     Übertragungsweg zunimmt.

gibt die folgende Tabelle Aufschluß über die Funktionen und die ihnen zugeordneten alternativen Lösungen.

Tabelle B.1: Funktionale Kriterien zur Abgrenzung von Geschäftsfeldern

Funktion	Alternative Lösungen	
·Transport zwischen Sender und Empfänger	diensteneutral (transparent)	diensteabhängig (Text, Daten, Sprache, Bilder)
·Zuordnung von Sender u. Empfänger	fest	wahlfrei
·Kommunikation Sender - Empfänger	Individual-Kommunikation	Verteil-Kommunikation
·Mobilität der Sender u. Empfänger	ortsfest	mobil

Nachfolgend soll kurz auf die in der Tabelle vorgenommene Kategorisierung
eingegangen und danach die Abgrenzung der Geschäftsfelder vorgenommen
werden. Dabei wird insbesondere auf substitutive Beziehungen Bezug genommen. Komplementäre Beziehungen spielen bei der Abgrenzung eine unter-
geordnete Rolle, da durch die Beschränkung auf die Endprodukte Netze und
Dienste von vorneherein wesentliche komplementäre Beziehungen ausgeschlossen werden.

a)   Ein Transport von Informationen zwischen Sender und Empfänger kann
     entweder diensteneutral oder diensteabhängig erfolgen. Die Beziehung
     zwischen der Nachfrage nach diensteneutralem und der nach diensteab-
     hängigem Transport erlaubt nicht die Aussage, daß die Kreuzpreisela-
     stizität zwischen den beiden Kommunikationsformen gleich Null ist, wie
     das strenggenommen für zwei alternative Lösungen erforderlich wäre.
     In diesem Fall existieren zwischen wenigen Produkten geringe positive
     Kreuzpreiselastizitäten.

Generell ist jedoch festzustellen, daß der transparente Transport von Informationen nicht durch einem dienste- und damit anwendungsspezifischen Transport von Informationen substituiert wird. Deshalb ist die Alternative diensteneutraler versus diensteabhängiger Transport mit Hinblick auf die Nachfrage grundsätzlich trennscharf.

b) Die Zuordnung von Sender und Empfänger beim Transport von Informationen kann entweder fest oder wahlfrei vorgenommen werden. Nur in wenigen Fällen können wahlfreie durch feste Zuordnungen ersetzt werden, da die Kommunikationsbedürfnisse der Nutzer das nicht zulassen. So ist es undenkbar, daß die wahlfreien Zuordnungen von Millionen von Fernsprechteilnehmern durch feste Zuordnungen zu ersetzen wären. Eine solche feste Zuordnung würde bedeuten, daß ein Fernsprechteilnehmer mit allen seinen potentiellen Kommunikationspartnern durch eine permanent geschaltete Verbindung verbunden sein müßte. Der Fernsprechteilnehmer hätte also so viele Anschlüsse und Telefonapparate bei sich zu installieren, wie er potentielle Gesprächspartner hat.

Eine Substituierbarkeit ist nur dann möglich, wenn eine feste Zuordnung durch eine wahlfreie Zuordnung in einem vermittelten Netz nach Belieben realisiert werden kann. Das ist heute nur in wenigen Fällen über sogenannte virtuelle Festverbindungen möglich.

c) Zwischen der Individual- und der Verteilkommunikation liegt eine Kreuzpreiselastizität von Null vor, da die relevanten Dienste grundsätzlich nicht substituierbar sind und keine komplementären Beziehungen zwischen den beiden Kommunikationsformen existieren.[3]

d) Die Nachfrage nach Diensten mit ortsfesten und mobilen Sendern und Empfängern wird erst dann eine positive Kreuzpreiselastizität besitzen, wenn bei gleichen Leistungsmerkmalen[4] der Dienste die Preise keine allzu großen Differenzen mehr aufweisen werden, denn dann könnte der

---

3   Als ein Beispiel dafür kann angeführt werden, daß der Fernsprechdienst als Dienst der Individualkommunikation und die Verbreitung von Fernsehprogrammen als Dienst der Verteilkommunikation weder eine substitutive noch eine komplementäre Nachfragebeziehung aufweisen.

4   Durch die Funkübertragung ist die Übertragungsqualität bei mobilen Sendern oder Empfängern in der Regel deutlich schlechter als bei leitergebundener Übertragung bei ortsfesten Sendern oder Empfängern.

Nutzer eine feste durch eine mobile Endeinrichtung ersetzen und damit einen Zusatznutzen erzielen. Für einen absehbaren Zeitraum in der Zukunft ist das nicht zu erwarten, sondern die mobile Endeinrichtung wird weiterhin neben der festen Endeinrichtung betrieben werden.

Nachdem die vier Funktionen mit ihren alternativen Lösungsmöglichkeiten bekannt sind, werden nun die einzelnen Geschäftsfelder definiert. Dabei werden nur solche Geschäftsfelder aufgenommen, die eine signifikante Umsatzgröße aufweisen.

1) Das erste Geschäftsfeld umfaßt die Übertragungswege. Sie stellen einen diensteneutralen Transport zwischen fest zugeordneten Sendern und Empfängern bereit. Dabei handelt es sich um eine individuelle Zuordnung von Sender und Empfänger, wobei sowohl der Sender als auch der Empfänger in der Regel ortsfest installiert ist. Übertragungswege stellen die Basis für Telekommunikationsdienste dar.

2) Die Transportdienste setzen unmittelbar auf die Übertragungswege auf und erweitern diese im wesentlichen um Funktionen der Vermittlungstechnik. Transportdienste sind Dienste der Individualkommunikation, die einen diensteneutralen Transport von Informationen zwischen beliebigen Sendern und Empfängern abwickeln.

3) Der Fernsprechdienst bildet das dritte Geschäftsfeld. Er unterscheidet sich vom Transportdienst im wesentlichen dadurch, daß er keinen diensteneutralen Transport von Informationen abwickelt, sondern lediglich Töne in Sprachbandbreite transportiert.

4) Der Rundfunk stellt das vierte Geschäftsfeld dar. Er setzt auf die Übertragungswege auf und erstellt auf ihnen ein dienstespezifisches Verteilnetz zur Verbreitung von Radio- und Fernsehprogrammen.

5) Die Mehrwertdienste unterscheiden sich in einer Eigenschaft von den Transportdiensten. Sie gewährleisten keinen diensteneutralen Transport, sondern wickeln den Transport dienste- und anwendungsspezifisch ab. Bisweilen ergänzen sie den Transport der Informationen durch die Verarbeitung der transportierten Informationen.

6)   Die Mobilfunkdienste bilden das letzte Geschäftsfeld. Sie setzen auf
     die Übertragungswege, Transportdienste, Mehrwertdienste und den
     Fernsprechdienst auf und erweitern sie um einen mobilen Zugang oder
     stellen eine eigenständige Nutzung zwischen mobilen Teilnehmern dar.

Damit sind nun die Geschäftsfelder identifiziert. Im folgenden werden die
einzelnen Geschäftsfelder näher beschrieben und analysiert.

2. Geschäftsfelder

2.1. Übertragungswege

Die Funktion eines Übertragungsweges besteht darin, zwischen zwei Punkten A und B, die über den Übertragungsweg fest verbunden sind, Informationen transparent zu übertragen. Die Definition ist wie folgt zu konkretisieren. Diese Verbindung zwischen den beiden Punkten A und B ist im Gegensatz zu einer vermittelten Verbindung, die nur für einen gewissen Zeitraum besteht (z.B. während der Dauer eines Telefongesprächs) eine fest geschaltete Verbindung, die permanent zur Verfügung steht. Für die Beschreibung eines Übertragungsweges spielt es keine Rolle, über welches Medium die beiden Punkte A und B verbunden werden. In der Praxis kommen häufig mehr als ein Medium zur Realisierung einer Strecke von A nach B zum Einsatz, das heißt die Teilstrecken werden durch unterschiedliche Medien realisiert. Als Medien werden elektrische oder optische Leiter und elektromagnetische Wellen (Funk) eingesetzt.

Bei einer transparenten Übertragung von Informationen zwischen den Punkten A und B nimmt derjenige, der den Übertragungsweg bereitstellt und betreibt, der Netzbetreiber, keinen Einfluß darauf, welche Art von Informationen übertragen werden. Er gibt lediglich vor, welche technischen Parameter an den Endpunkten A und B des Übertragungsweges gelten und beschreibt damit die Kapazität des über den Übertragungsweg bereitgestellten Kanals. Bei analogen Übertragungswegen wird die Kapazität durch das zur Verfügung stehende Frequenzspektrum und bei digitalen Übertragungswegen durch die Bitrate beschrieben. Nach dem OSI-Referenzmodell[5] umfaßt der Übertragungsweg das physikalische Medium und die unterste der sieben Schichten des Modells, die Bitübertragungsschicht.

Schaubild B.2.1: Übertragungsweg

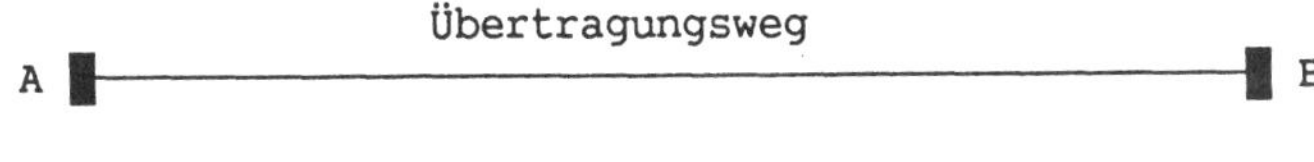

---

5   Vgl. Tietz [1987], S. 25ff.

Die Nachfrager nach Übertragungswegen können in zwei Gruppen eingeteilt
werden. Die erste Gruppe besteht aus Nutzern, die den Übertragungsweg für
den Eigenbedarf benötigen. Die zweite Gruppe wird aus den Nutzern gebildet, die die Übertragungswege als Vorprodukte verwenden, um darüber
Dienste für andere anzubieten. Vom Volumen her dominiert die zweite
Nutzungsform. Obwohl exakte Statistiken fehlen, kann aus öffentlich zu-
gänglichen Quellen (z.B. den Geschäftsberichten der Netzbetreiber) der
Schluß gezogen werden, daß mehr als 90% der Übertragungswege als Vorprodukt genutzt werden.

Die Netzbetreiber, die in der Regel zugleich als Diensteanbieter auftreten,
nutzen den weit überwiegenden Teil der Übertragungswege selbst als Vorprodukt. Wenn ein Netzbetreiber mit Exklusivrechten hinsichtlich des Angebots
an Übertragungswegen ausgestattet ist und zugleich als Diensteanbieter auf
Wettbewerber trifft, die bei ihm ihre Vorprodukte einkaufen müssen, dann
besteht die Gefahr, daß der Netzbetreiber die Übertragungswege seinen
Konkurrenten zu Konditionen anbietet, die einen volkswirtschaftlich er-
wünschten Wettbewerb auf der Diensteebene behindern oder nicht entstehen
lassen.[6]

2.2. Transportdienste

Transportdienste setzen auf Übertragungswegen auf und erweitern sie. Das
heißt, ein Tranportdienst benutzt physische Verbindungen und die darauf in-
stallierten Kanäle (Übertragungswege) und richtet über sie logische
Verbindungen zum Transfer von Informationen ein. Nachfolgend werden die
wesentlichen Funktionen, die der Transportdienst zu den Übertragungswegen
hinzufügt, beschrieben.

Zunächst wird die ungesicherte Verbindung zwischen den beiden Enden eines
Übertragungsweges gesichert. Darauf folgt die Kombination von gesicherten
Übertragungswegen mittels Vermittlungseinrichtungen dergestalt, daß eine
Verbindung zwischen den Enden von zwei Übertragungswegen, die nicht per-
manent miteinander verbunden sind, möglich wird. Schließlich kommt noch

---

6   Siehe dazu: Berben [1990]; Neumann [1987a].

die Funktion des Datentransfers selbst hinzu. Vor dem Transfer muß die Verbindung jedoch auf- und danach abgebaut werden.

Transportdienste sind in die zwei Kategorien Festverbindungen[7] und vermittelte Verbindungen zu unterteilen. Festverbindungen liegen dann vor, wenn zwischen zwei (oder mehr) Punkten ständig eine Verbindung zum Transport von Informationen zur Verfügung steht. Auf den ersten Blick erscheint es dem Betrachter so, als ob eine Festverbindung sich von einem Übertragungsweg kaum unterscheidet, da hier weder eine Vermittlungsfunktion noch der Verbindungsauf- und abbau für den Transfer erforderlich scheint. Der Schein trügt, denn Festverbindungen unterscheiden sich von Übertragungswegen hinsichtlich der Qualität und Flexibilität. Dafür sollen hier zwei Beispiele gegeben werden. Im ersten Fall wird ein Übertragungsweg durch technische Einrichtungen an den Enden des Übertragungsweges ergänzt, die eine höhere Übertragungsqualität sicherstellen. Im zweiten Fall wird die Verbindung zwischen den beiden Punkten durch Übertragungswege mit unterschiedlichen Führungen im Netz realisiert, wobei die eine Führung in Sekundenbruchteilen die andere ersetzen kann, wenn diese gestört ist (Schaubild B.2.2-1). Diese redundanten Festverbindungen werden häufig von Kunden mit zeitkritischen Anwendungen nachgefragt.

Schaubild B.2.2-1: Redundante Festverbindung

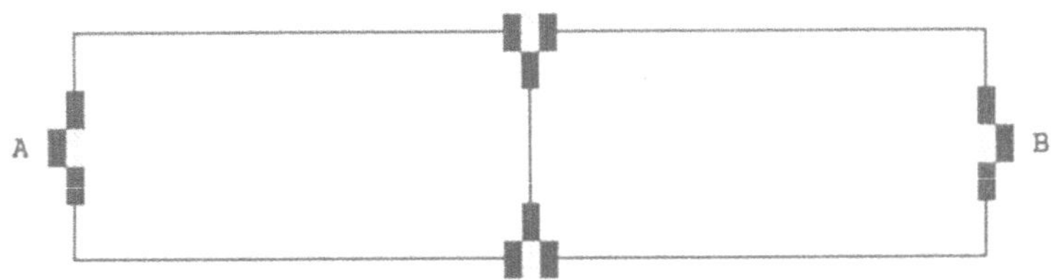

A und B: Endpunkte der Festverbindung

├─────────┤ Übertragungsweg

Netzintelligenz

---

7   Der benutzungsrechtliche Begriff der Festverbindung aus der bundesdeutschen Telekommunikationsordnung stimmt nicht mit dem hier benutzten analytischen Begriff überein.

Vermittelte Verbindungen stellen nur für einen bestimmten Zeitraum eine Verbindung zwischen den Endpunkten von zwei (oder mehr) Übertragungswegen her. Damit können die Übertragungswege alternativ genutzt werden. Je nach Kapazität der Übertragungswege und der Vermittlungseinrichtungen kann immer nur ein Teil der Teilnehmer am Netz zur gleichen Zeit untereinander kommunizieren.

Schaubild B.2.2-2: Vermittelte Transportdienste

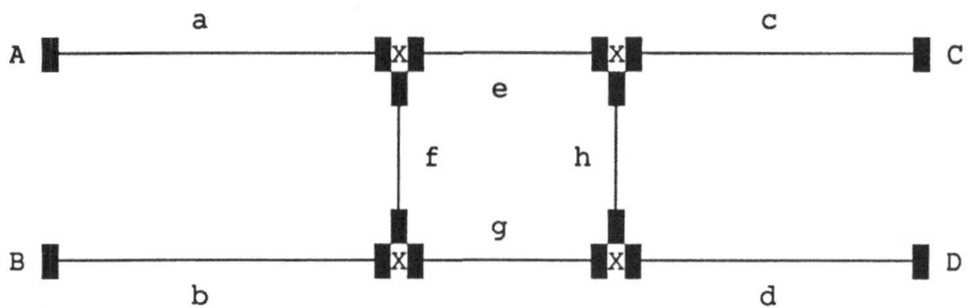


```
A,B,C u. D: Anschlüsse an den Transportdienst

▐────────▐ Übertragungsweg

X Vermittlungseinrichtung
```

In der Vermittlungstechnik werden heute zwei Arten der Vermittlung angewandt, die Leitungs- und die Paketvermittlung.[8] Die Leitungsvermittlung stellt für den Zeitraum der Kommunikation eine feste Verbindung zwischen den Enden zweier Übertragungswege her. So könnte zum Beispiel die Verbindung der im Schaubild B.2.2-2 dargestellten Teilnehmer A und D über die Übertragungswege a, f, g und d hergestellt werden. Die Paketvermittlung baut dagegen eine logische Verbindung auf, wobei die zu transportierenden Informationen an der Quelle in definierte Einheiten zerteilt ('Pakete'), diese dann über beliebige Übertragungswege zur Senke transportiert und dort wieder in die richtige Reihenfolge gebracht werden. Während bei der Leitungsvermittlung eine definierte Übertragungskapazität exklusiv zwischen den

───────────────────

8   Diese Techniken werden in vermittelten Schmalbandnetzen eingesetzt. Für vermittelte Breitbandnetze wird gegenwärtig der ATM-Vermittlungstechnik (ATM

Enden zweier Übertragungswege zur Verfügung steht, wenn die Verbindung einmal hergestellt ist, stehen bei der Paketvermittlung je nach Belastung des Netzes unterschiedliche Übertragungskapazitäten bereit.

Die Nachfrager nach Transportdiensten sind wie bei den Übertragungswegen in die Nutzer zu unterteilen, die den Transportdienst für den Eigenbedarf benötigen, und diejenigen Nutzer, die ihn als Vorprodukt zur Herstellung von Diensten einkaufen. Vom Volumen her überwiegt die erste Nutzungsform, da die Diensteanbieter nach Möglichkeit die Wertschöpfung, die zwischen dem Vorprodukt Übertragungsweg und dem Vorprodukt Transportdienst liegt, selbst realisieren wollen.

2.3. Fernsprechdienst

Der Fernsprechdienst überträgt in Echtzeit das gesprochene Wort zwischen zwei Gesprächspartnern, die über das Fernsprechnetz miteinander verbunden sind. Jeder der beiden Gesprächspartner kann gleichzeitig (Duplexbetrieb) über seinen Telefonapparat sprechen (senden) und hören (empfangen). Der Fernsprechdienst basiert auf einem Netz, das speziell auf seine Belange hin ausgelegt ist. Das Fernsprechnetz besteht aus Übertragungswegen und Vermittlungseinrichtungen, die zwischen die Übertragungswege geschaltet werden. So sind die Übertragungswege zwischen den Vermittlungsstellen alternativ zu nutzen. Lediglich die Übertragungswege zwischen dem Netzabschluß beim Teilnehmer und der ihm direkt zugeordneten Vermittlungsstelle sind jeweils für nur einen Nutzer reserviert.

Die beiden nachfolgenden Schaubilder zur hierarchischen (B.2.3-1) und geographischen (B.2.3-2) Struktur des Fernsprechnetzes zeigen, wie die Fernsprechapparate der Fernsprechteilnehmer jeweils über eine Leitung an eine Ortsvermittlungsstelle angeschlossen sind. Die Ortsvermittlungsstellen stellen die unterste Ebene in der Hierarchie der Vermittlungsstellen dar. So wie die Teilnehmer in einem Ort oder Ortsteil an eine Ortsvermittlungsstelle angeschlossen werden, geschieht das auch mit den Ortsvermittlungsstellen einer Region, die an eine Vermittlungsstelle der nächsthöheren Ebene angeschlos-

---

steht für Asynchronous Transfer Mode), die die Vorteile der Leitungs- und Paketvermittlungstechnik verbindet, die größte Realisierungschance eingeräumt.

sen werden. Je nach der zu versorgenden Teilnehmerzahl und Fläche wird
ein nationales Fernsprechnetz in bis zu vier[9] Vermittlungsstellenhierarchien
unterteilt.

Der idealtypische Netzaufbau sieht jeweils eine Konzentration der Leitungen
aus der Ebene n-1 in der Ebene n vor. Jede dieser Konzentrationen stellt
für sich ein Sternnetz dar. Auf der höchsten Ebene hätte folgerichtig nur
eine Vermittlungsstelle zu stehen. In der Praxis verzichtet man jedoch aus
Kapazitäts- und Sicherheitsgründen auf diese eine zentrale Vermittlungsstelle
und verbindet alle Vermittlungsstellen auf der 'zweithöchsten' Ebene direkt
miteinander. Statt einem sternförmigen Netz wird also auf dieser Ebene ein
vermaschtes Netz gewählt. Die zweite Abweichung von der idealtypischen
Netztopologie hierarchischer Sternnetze besteht darin, daß einzelne Vermittlungsstellen untereinander direkt verbunden werden (nicht in den Schau-
bildern enthalten).

Für ein Telefongespräch zwischen zwei Teilnehmern muß eine Verbindung
hergestellt, das heißt eine Leitung geschaltet werden, die während der gesamten Kommunikation aufrecht erhalten wird. Das geschieht wie folgt: Der
rufende Teilnehmer teilt der Ortsvermittlungsstelle über die gewählte Ruf-
nummer mit, welchen Teilnehmer er erreichen will. Wenn der gerufene Teilnehmer an ein- und derselben Ortsvermittlungsstelle angeschlossen ist wie
der rufende Teilnehmer, wird nur diese Vermittlungsstelle tätig und stellt
eine Verbindung zwischen den beiden Teilnehmern her. Wenn der rufende
Teilnehmer mit seiner Ortsvermittlungsstelle an dieselbe Vermittlungsstelle
der nächsthöheren Vermittlungsstellenhierarchie angeschlossen ist wie der
gerufene Teilnehmer, dann werden nur die Vermittlungsstellen der beiden
untersten Vermittlungsstellenhierarchien tätig. Wenn dem rufenden und dem
gerufenen Teilnehmer keine gemeinsame Vermittlungsstelle in der Vermittlungsstellenhierarchie zugeordnet ist, dann wird das Gespräch von der untersten bis zur obersten Vermittlungsstellenebene geführt, dort von der einen
Vermittlungsstelle zu der anderen Vermittlungsstelle geleitet, und dann wieder nach unten geführt.

---

9   Das ist die maximale Zahl. Die technische Entwicklung geht dahin, weniger
     Netzebenen aufzubauen.

Schaubild B.2.3-1: Hierarchische Struktur des Fernsprechnetzes

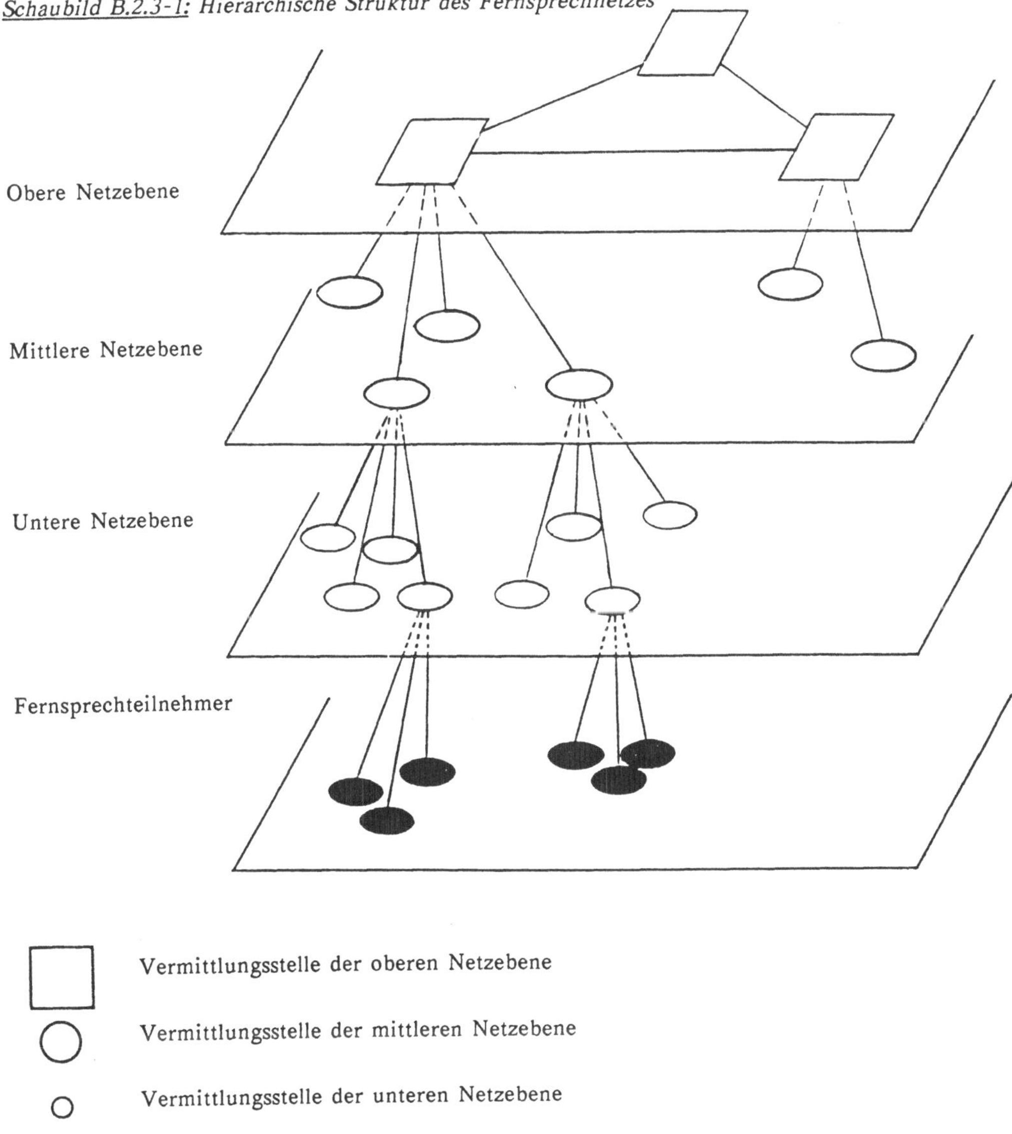

Aus: Lacout [1982], S. 103; französiche durch deutsche Bezeichnungen ersetzt.

Schaubild B.2.3-2: Geographische Struktur des Fernsprechnetzes

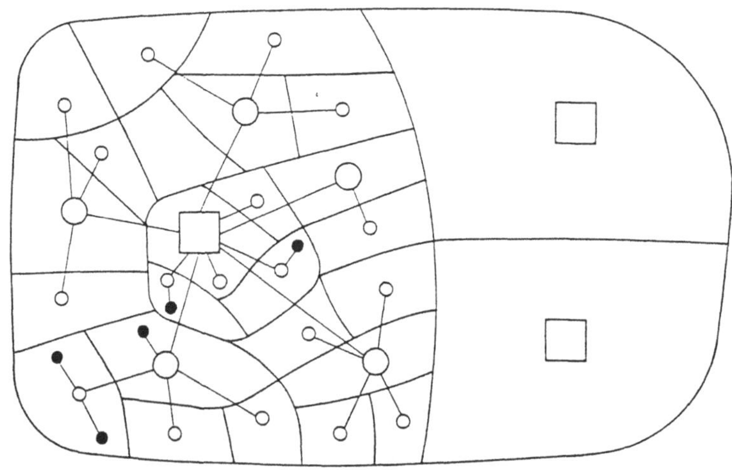

Aus: Lacout [1982], S. 103; Vgl. Legende des Schaubilds B.2.3-1.

In vielen Fällen wird jedoch der in den beiden vorangegangenen Absätzen beschriebene sogenannte Kennzahlenweg nicht vollständig benutzt, sondern durch einen Querweg abgekürzt. Die Querwege erfüllen zwei Funktionen: Mit ihrer Hilfe wird das Netz redundant und zugleich für spezifische Verkehrsströme ausgelegt.[10]

Das französische Fernsprechnetz verfügt über vier Vermittlungsebenen. Die Ortsvermittlungsstellen (Ebene 4) sind sternförmig an die Vermittlungsstellen der über ihnen liegenden Ebene 3 angeschlossen. Die Vermittlungsstellen der Ebenen 3 bis 1 sind miteinander vermascht. Während die Vermittlungsstellen der Ebene 4 nur eine Verbindung zweier Teilnehmer in ihrem Anschlußbereich herstellen können oder die Kommunikation einfach an die ihr zugeordnete Vermittlungsstelle der nächsthöheren Ebene weitergeben können, sind die Vermittlungsstellen ab der Ebene 3 mit der Intelligenz ausgestattet, au-

---

10   So wird zum Beispiel ein Gespräch von Paris nach Marseille nicht über den
     Kennzahlenweg geführt, sondern über eine Querleitung, die die Ortsvermittlungs-
     stellen in Paris und Marseille direkt verbindet.

tonom darüber zu entscheiden, an welche Vermittlungsstelle sie die Kommunikation weiterreichen.[11]

Die technische Entwicklung geht seit einiger Zeit dahin, in den Fernsprechnetzen die bislang analoge Übertragung der Sprache von Teilnehmer zu Teilnehmer zu digitalisieren. Diese Digitalisierung wird schrittweise vorangetrieben. Sie beginnt bei den hochvolumigen Übertragungsstrecken sowie den großen Vermittlungsstellen und wird schließlich bis zum Fernsprechapparat des Teilnehmers fortgeführt werden.

Mit der Digitalisierung des Fernsprechnetzes wird eine Trennung von Nutz- (Sprache) und Steuerinformationen (Freizeichen, Wählimpulse, Besetztton etc.) durchgeführt. Eine Verbindung für die Nutzinformationen von A nach B wird künftig erst dann aufgebaut, wenn die Kommunikation zustande kommt. Der Steuer- oder Zeichengabekanal wird dann zwischen dem Teilnehmeranschluß und der Ortsvermittlungsstelle physisch auf einer Leitung mit den von ihm logisch getrennten Nutzinformationen geführt. Zwischen den Vermittlungsstellen wird allerdings der Zeichengabekanal auch physisch vom Nutzkanal getrennt. Bislang führte die Integration von Nutz- und Steuerinformationen dazu, daß beim Versuch des Verbindungsaufbaus bereits die Netzkapazität bereitgehalten werden mußte, die erst zu einem späteren Zeitpunkt genutzt wurde, weil der Teilnehmer erst nach mehrmaligem Läuten abnahm, oder die Kapazität überhaupt nicht beansprucht wurde, da das Gespräch nicht zustande kam, weil der Teilnehmer nicht abnahm oder bereits telefonierte.

Die Fernmeldeunternehmen in den hochindustrialisierten Ländern belassen es nicht bei der Digitalisierung der Fernsprechnetze, sondern sie erweitern ihr Fernsprechnetz bei der Digitalisierung zu einem diensteintegrierten digitalen Fernmeldenetz, dem ISDN.[12] Dabei wird der einfache Telefonanschluß zu einem universellen Anschluß mit zwei Nutzkanälen mit je 64 KBit/s und einem Hilfs- oder Signalisierungskanal mit 16 KBit/s. Der Telefondienst ist im ISDN nunmehr nur noch ein Dienst unter vielen. Allerdings kann in absehba-

---

11   Vgl. Lacout [1982], S. 99ff.

12   ISDN steht für Integrated Services Digital Network.

rer Zeit nicht damit gerechnet werden, daß der Telefondienst seine Bedeutung hinsichtlich der Teilnehmerzahl und des Umsatzes verlieren wird.

Der Fernsprechdienst dominiert heute weltweit den Telekommunikationssektor. Für ihn werden nach wie vor die größten Investitionen getätigt und sein Umsatz übersteigt den Umsatz aller anderen Telekommunikationsdienste um ein Vielfaches. Am Gesamtumsatz aller Telekommunikationsdienste hat der Fernsprechdienst, je nach Land, einen Anteil zwischen 75% und 90%. Die Quote der Fernsprechanschlüsse, bezogen auf die Einwohnerzahl, erreichte am 1.1.1987 in den Ländern der G-7-Gruppe Werte zwischen 30% und 50%.[13] Der Umsatz aller Telekommunikationsdienste erreichte in diesen Ländern einen Anteil am Bruttosozialprodukt von 1,6% bis 2,8%;[14] davon wurde der wesentliche Anteil vom Fernsprechdienst aufgebracht.[15]

Für die Fernmeldegesellschaften ist der Fernsprechdienst die 'cash-cow'. Untersuchungen zeigen, daß der Fernsprechdienst insgesamt (Bereithalten und Verkehr) sehr rentabel ist. Die Kosten werden durch die Erlöse mehr als gedeckt. Mit den Gewinnen aus dem Fernsprechdienst werden häufig andere Fernmeldedienste innerhalb der Fernmeldegesellschaft subventioniert oder an Dritte (z.B. Postverwaltung, Industrie, Staatshaushalt) Zahlungen geleistet.

Diese Zahlungen an Dritte sind typisch für Fernmeldegesellschaften, die als Teil der Staatsverwaltung über keine finanzielle Autonomie verfügen. In der folgenden Tabelle werden zwei besonders krasse Fälle von Subventionierung dargestellt. Obwohl keine exakten Zahlen zu den Quellen der Subventionsströme vorliegen, ist davon auszugehen, daß die geleisteten Subventionen oder weitergereichten Gewinne an Dritte nahezu ausschließlich aus dem Fernsprechdienst stammen. So flossen 1986 aus dem Fernsprechdienst in der

---

13   Exakt war es der Bereich von 32% (Italien) bis 51% (USA). (Vgl. BPM [1988], S. 54.)

14   Vgl. OECD [1988], S. 94 und S. 100.

15   So betrug zum Beispiel der Anteil bei der France Télécom 88% (Vgl. Longuet [1988], S. 130) und bei der japanischen NTT 81% (Vgl. InfoCom Research [1990], S. 124).

Bundesrepublik Deutschland etwas mehr als fünf Milliarden DM ab und in Frankreich knapp 20 Milliarden Francs.[16]

Tabelle B.2.3: Gewinne im Fernsprechdienst und ihre Verwendung

Externe Verwendung von Gewinnen aus dem Fernsprechdienst in der Bundesrepublik Deutschland und in Frankreich in 1986		
	BRD	Frankreich
Umsatz (gesamt)	34,5 Mrd. DM	91,9 Mrd. FF
Ablieferung an den Staat[17]	3,4 Mrd. DM	6,2 Mrd. FF
Subventionierung der Post	2,2 Mrd. DM	4,3 Mrd. FF
Subventionierung der Industrie und staatlicher Programme[18]	-	9,1 Mrd. FF

Quelle: Deutsche Bundespost [1987], S. 72 ff.; DGT [1987], Résultats financiers, S. 5; Longuet [1988], S. 187.

In der Bundesrepublik Deutschland wurden 1986 16,2% und in Frankreich 21,3% des Umsatzes der staatlichen Fernmeldeverwaltung einer externen Verwendung zugeführt.[19] Obwohl in beiden Fällen erhebliche Beträge an Dritte geleistet wurden, konnte nach Berücksichtigung dieser Abflüsse immer noch ein Gewinn ausgewiesen werden.

---

16   Zur finanziellen Lage der France Télécom gibt Punkt C.2.5. einen näheren Aufschluß und unter Punkt F.3. wird die Eigenkapitalrentabilität der British Telecom, der DBP Telekom und der France Télécom näher untersucht.

17   Während die Deutsche Bundespost jedes Jahr 10% ihres Umsatzes an den Staat abliefern muß, entschied die französische Legislative bis 1990 Jahr für Jahr neu über die Höhe der Ablieferung an den Staatshaushalt.

18   Die Subventionen in Frankreich wurden je zur Hälfte auf die Elektronik- und die Raumfahrtindustrie verteilt. In der Bundesrepublik Deutschland flossen zwar keine direkten Subventionen an die Industrie, doch über die Beschaffungspreise erfährt die bundesdeutsche Industrie eine finanzielle Förderung. Diese ist allerdings schwer zu quantifizieren. (Vgl. Schnöring / Grupp [1990], S. 16ff.)

Wenn der Fernsprechdienst nach Erlösen und Kosten analysiert wird, ist ein genereller Trend festzustellen. Den hochprofitablen Gesprächen über lange Distanzen und den Auslandsgesprächen stehen die verlustbringenden oder kaum profitablen Gespräche über kurze Distanzen und das Bereithalten der Fernsprechanschlüsse gegenüber. Über diesen hochsensiblen Bereich liegen wenige veröffentlichte Analysen vor.

Hinsichtlich der Auslandsgespräche hat eine Analyse Aufsehen erregt, die behauptet, daß zwischen den nationalen Fernmeldegesellschaften eine Kartellabsprache existiert. Diese Analyse zur Profitibilität der internationalen Ferngespräche ergibt, daß die dramatischen Kostensenkungen in den letzten Jahren bei internationalen Gesprächen nicht in vollem Umfang an die Konsumenten weitergegeben wurden.[20]

Für die Kosten und Erlöse des Bereithaltens von Fernsprechanschlüssen und dem nationalen Gesprächsverkehr existiert eine aufschlußreiche Studie aus Frankreich.[21] Obwohl sich die Untersuchung auf das Jahr 1984 bezieht, kann davon ausgegangen werden, daß die für 1984 offengelegte Kostenstruktur auch jetzt noch für den Fernsprechdienst Gültigkeit besitzt, da seitdem keine wesentlichen technischen Innovationen die Kostenstruktur verändert haben. Für das Kostenniveau wäre dagegen eine Fortschreibung erforderlich. Im Anhang werden die Daten aus dieser Untersuchung dargestellt, erläutert und analysiert.[22]

Vom Fernsprechdienst in Frankreich läßt sich nach den im Anhang vorgenommenen Analysen folgendes Bild zeichnen:

I.   Die Kosten der Anschlüsse, die rund zwei Drittel der Kosten des Dienstes ausmachen, können bei weitem nicht durch die Einnahmen für die Anschlüsse gedeckt werden. Die Anschließung der Nutzer verursacht

---

19   Dabei wird die besondere steuerliche Behandlung der France Télécom und der Deutschen Bundespost nicht berücksichtigt. Dazu finden sich unter den Punkten C.2.5. und F.3. die entsprechenden Angaben.

20   Vgl. Dixon [1990].

21   Vgl. De Giry [1986].

22   Siehe unter Punkt F.1.

unterschiedlich hohe Kosten. Am teuersten ist die Versorgung im ländlichen Raum, am günstigsten in den Großstädten.

II. Die Kosten des Verkehrs, die rund ein Drittel der Kosten des Dienstes betragen, werden durch die Verkehrstarife mehr als gedeckt. Die Überschüsse aus dem Verkehr sind zugleich die Quelle zur Deckung der Verluste bei den Anschlüssen und für externe Subventionen. Dabei sind die Ferngespräche die Träger der Subventionslasten, da innerhalb der Gespräche die Ortsgespräche kostenunterdeckend verkauft werden.

III. Die Punkte I. und II. verdeutlichen, daß der Fernsprechdienst nicht kostenorientiert tarifiert wird. Damit wird ein Anreiz geschaffen, den existierenden Dienst ineffizient zu nutzen.

IV. Die erheblichen Abweichungen von Kosten und Tarifen und die daraus resultierenden Quersubventionierungen schaffen einen Anreiz zum Markteintritt für potentielle Anbieter mit dem Ziel, die lukrativen Nutzer, also die in den Großstädten konzentrierte Industrie und das dort ansässige Dienstleistungsgewerbe, zu versorgen.

Insgesamt bleibt festzuhalten, daß der Fernsprechdienst das bei weitem umsatzstärkste Geschäftsfeld ist, das insbesondere in Frankreich eine labile ökonomische Verfassung aufweist, da die Telefontarife erheblich von den relevanten Kosten abweichen.

2.4. Rundfunk

Der Rundfunk überträgt von einem Sender A zu vielen Empfängern $B_1.....B_n$ Informationen, entweder Töne (Radio) oder Töne und Bewegtbilder (Fernsehen). Bei dem hier zu betrachtenden Dienst geht es nicht um die Herstellung oder Gestaltung der Radio- oder Fernsehsendungen, sondern lediglich um deren Verbreitung.

Die Produzenten der Radio- oder Fernsehprogramme übergeben die Programme dem Diensteanbieter an einer festgelegten Stelle in der Form von analogen oder digitalen Signalen. Von dieser Schnittstelle führt der Diensteanbieter die Signale über Übertragungswege zu den Punkten, von denen aus die Programme verteilt werden. Das sind

- Satelliten,

- terrestrische Sender und

- Kopfstationen von Breitbandverteilnetzen.

Zu einem Satelliten werden die Signale in zwei Etappen herangeführt. Die erste Etappe wird durch den Übertragungsweg von der Schnittstelle zwischen Programmhersteller und Diensteanbieter bis zu der Erdfunkstelle des Satelliten gebildet. Von der Erdfunkstelle wird das Signal über einen weiteren Übertragungsweg zum Satelliten transportiert. Von dort wird es dann zur Erde abgestrahlt und kann großräumig, zum Beispiel in Westeuropa, mit speziellen Satellitenempfangsanlagen empfangen werden.

Ein terrestrischer Sender erhält die Signale zum Abstrahlen ebenfalls über einen Übertragungsweg, der seinen Ausgangspunkt an der Schnittstelle zwischen Programmhersteller und Diensteanbeiter hat. Der terrestrische Sender strahlt seine Signale in einem definierten Radius ab. Damit erreicht ein terrestrischer Sender natürlich wesentlich weniger potentielle Empfänger als ein einziger Satellit. Landesweite Programmanbieter benötigen daher ein flächendeckendes Netz von terrestrischen Sendern. Lokale oder regionale Programmanbieter stützen sich auf einen oder wenige terrestrische Sender.

Während bei der Übertragung durch Satelliten oder terrestrische Sender jedermann in dem von den Sendern ausgeleuchteten Gebiet mittels einer entsprechenden Antenne die Radio- und Fernsehprogramme empfangen kann, gilt das bei Breitbandverteilnetzen nicht. Hier muß man für den Empfang an das Kabelnetz angeschlossen sein. Breitbandverteilnetze sind Netze mit einer Busstruktur, die in der Regel[23] von der Kopfstation bis zum Teilnehmeranschluß die Signale verbreiten. Bis zur Kopfstation werden die Signale entwe-

---

23 Als Ausnahme bedarf hier der sogenannte Rückkanal der Erwähnung, der bisweilen in Breitbandverteilnetzen installiert ist.

der über dezidierte Übertragungswege geführt oder dort über Funk von einem terrestrischen Sender oder einem Satelliten empfangen.

2.5. Mehrwertdienste

Das Auftauchen und die Entwicklung der Mehrwertdienste ist vor dem Hintergrund der Konvergenz von Telekommunikation und Informatik analysiert worden. Das Zusammenwachsen der Funktionen Informationstransport und Informationsverarbeitung führte seit Ende der siebziger Jahre zu zahlreichen Begriffsbildungen und Abgrenzungsversuchen für Mehrwertdienste.

- Aus regulierungspolitischer Sicht wurde versucht, Basis- und Mehrwertdienste zu definieren und abzugrenzen.[24] Diese Abgrenzungen sind immer wieder revidiert und dem technischen Wandel und veränderten Grundsätzen der Regulierer angepaßt worden. So wurde zum Beispiel die paketvermittelte Datenübertragung zunächst als Mehrwertdienst eingestuft, doch heute gilt sie als Basisdienst.

- Aus technischer Sicht wurde versucht, mit Hilfe des OSI-Schichtenmodells zwischen Bearer Services (Schicht 1 mit 3) und Teleservices (Schicht 4 mit 7) zu unterscheiden.

- Aus Anwendersicht wurden die neuen Nutzungsmöglichkeiten in den Vordergrund gestellt, die entstehen, wenn Computer mit ihrer Anwendungssoftware und Telekommunikationsnetze miteinander verknüpft werden.

- Aus sozioökonomischer Sicht wurde unter dem Schlagwort 'télématique'[25] eine Zukunftsvision entworfen, die zwar noch nicht von Mehrwertdiensten sprach, aber davon handelte.

Mehrwertdienste sind nach den in der Abgrenzung der Geschäftsfelder dargelegten Kriterien wie folgt zu definieren: Mehrwertdienste setzen auf

---

24 So wurde in den USA zunächst zwischen 'basic' und 'enhanced' und später zwischen 'basic' und 'value added services' unterschieden. (Vgl. Schön / Neumann [1985], S. 479ff.)

25 Vgl. Nora / Minc [1978].

Übertragungswegen und Diensten (Transportdienste, Fernsprechdienst und Rundfunk) auf und ergänzen oder erweitern sie um zusätzliche Merkmale. Die Übertragungswege und die oben genannten Dienste sind Vorprodukte für die Mehrwertdienste. Die Wertschöpfung, die der Produzent des Mehrwertdienstes erbringt, ist von Fall zu Fall sehr unterschiedlich; sie kann von einem Bruchteil bis zu einem Vielfachen des Werts des Vorprodukts reichen.

Nachfolgend werden für die unerschöpfliche Zahl von Mehrwertdiensten einige typische Dienste vorgestellt. Damit wird der Ansatz verworfen, eine Systematik der Mehrwertdienste zu entwickeln oder von anderen zu übernehmen.[26] Mögliche Kriterien für eine Systematisierung wären die Wertschöpfung, der Informationsgehalt, die Anwender, die Funktion, die technische Realisierung, die Kommunikationsform, der Sprachanteil und die Übertragungsgeschwindigkeit.

Die im Anschluß kurz beschriebenen Mehrwertdienste sind Dienste, die seit Jahren existieren und eine relativ hohe Nutzung im privaten oder geschäftlichen Bereich aufweisen.

Die Fernsprechauskunft ist ein Mehrwertdienst, der seit Bestehen des Fernsprechdienstes existiert. Der Mehrwert, der dem Basisdienst Fernsprechen hinzugefügt wird, ist eine Informationsleistung, die in der Regel von einer Person erbracht wird. Die Person wird zunehmend durch informationstechnische Einrichtungen unterstützt und langfristig durch diese ersetzt werden.[27]

Eine Vielzahl von Mehrwertdiensten kann unter dem Oberbegriff Textdienste zusammengefaßt werden. Der Mehrwert dieser Dienste besteht darin, daß sie über die Grundfunktionen eines Transportdienstes hinaus definierte Zeichensätze und Seitenformate beinhalten. Das wird bisweilen noch von Möglichkeiten zur Zwischenspeicherung oder Ablage im Netz ergänzt. Ein althergebrachter Textdienst ist der Telexdienst, der allerdings nur über einen sehr kleinen Zeichenvorrat verfügt und keine Möglichkeit zur Zwischenspeicherung oder Ablage im Netz bietet. Die meisten Funktionen, die für Telex noch in

---

26   Vgl. Clot [1988], S. 67ff.

27   Vgl. Pospischil [1987], S. 37ff. und 74ff.

der Hardware realisiert werden mußten, sind inzwischen in der Software enthalten. Eine ganze Reihe von modernen Textdiensten firmiert unter der Bezeichnung 'electronic mail'.

Die sogenannten Informations- und Transaktionssysteme werden meist für ganz spezielle Anwendungen konzipiert. Als Beispiele dieser Art von Mehrwertdiensten sind die weltumspannenden Reservierungssysteme der Fluggesellschaften und die globalen Systeme der Banken zur Abwicklung von Buchungen zu nennen.

Datenbanken sind durch ihre Anbindung an öffentliche Netze als eine der ersten Anwendungen als Mehrwertdienste bezeichnet worden. Sie werden national und international von zahlreichen Anbietern mit diversen Informationen angeboten, zum Beispiel Patenten, Unternehmensdaten, Börsenkursen, Literaturangaben und Gerichtsurteilen.

Am Ende dieser Aufzählung darf ein Hinweis auf den zu Beginn der achtziger Jahre mit hohen Erwartungen eingeführten Mehrwertdienst Videotex oder Bildschirmtext nicht fehlen.[28]

2.6. Mobilfunkdienste

Die gegenwärtig verfügbaren Mobilfunktechniken[29] können grundsätzlich sowohl einen diensteneutralen als auch diensteabhängigen Transport zwischen Sender und Empfänger abwickeln, sowohl eine feste als auch eine wahlfreie Zuordnung von Sender und Empfänger vornehmen und sowohl Formen der Individual- als auch der Verteilkommunikation darstellen. Diese Vielfalt von Nutzungsvarianten hat sich in ihrer Gesamtheit am Markt nicht durchsetzen können. Das Angebot von Mobilfunkdiensten konzentriert sich auf

- den diensteabhängigen Transport zwischen Sender und Empfänger,

---

28   Vgl. ebenda.

29   Einen guten Überblick zur Technik und jüngsten Geschichte des Mobilfunks geben: Remy / Cueugniet / Siben [1988].

-    die wahlfreie Zuordnung von Sender und Empfänger und

-    die Individualkommunikation.

Die Mobilfunkdienste werden ganz wesentlich vom Übertragungsmedium Funk und durch die mobilen Endgeräte geprägt. Das Medium Funk mit seinen begrenzten Einsatzmöglichkeiten, die durch das beschränkte Spektrum an verfügbaren Frequenzen bedingt sind, und der Umstand, daß sich mindestens eine Sende- bzw. Empfangsstation bewegt, limitiert die Nutzungsmöglichkeiten der Mobilfunkkommunikation. So werden mobile Festverbindungen praktisch nicht realisiert, da sie durch die exklusive Zuordnung eines Frequenzbereichs sehr teuer sind (Opportunitätskosten der Nutzung) und bei weitem nicht die Qualitätsanforderungen an eine festgeschaltete Verbindung[30] erfüllen können.

Die Mobilkommunikation konzentriert sich im wesentlichen auf folgende Dienste:[31]

-    Funktelefondienst

-    Funkrufdienst

-    Bündelfunkdienst

-    Telepoint

Der Funktelefondienst ermöglicht das Telefonieren mit einem mobilen Endgerät mit beliebigen Teilnehmern, die entweder an das Festnetz angeschlossen sind oder auch über ein mobiles Endgerät sprechen. Dabei kann das mobile Endgerät von einem Ort zu einem anderen Ort bewegt werden, ohne daß das Gespräch abgebrochen wird. Die große Zahl von Funktelefonen, die heute gleichzeitig bei einer unveränderten Frequenzverfügbarkeit betrieben

---

30   Vor allem ist die Ausfallsicherheit gering. Ein häufiger Grund für den Ausfall einer Funkverbindung ist, daß die mobile Station in einen Funkschatten gerät.

31   Einen Überblick zu den aktuellen Trends im Mobilfunk gibt die jährliche Konferenz der Financial Times zum Thema 'mobile communication' (Vgl. Financial Times [1989]) und der Artikel im Handbuch der Telekommunikation zum Thema Mobilfunk (Vgl. Silberhorn [1989]).

werden kann, ist durch eine verbesserte Organisation der Nutzung der Frequenzen möglich geworden.

Teilt man die von einem Funktelefondienst zu bedienende Fläche in Zellen auf, kann man die Frequenzen in nicht angrenzenden Zellen wiederverwenden. So können in den Zellen 1 und 5 im Schaubild B.2.6.-1 die gleichen Frequenzen genutzt werden. Durch die Verkleinerung der Zellen kann die Kapazität des gesamten Funktelefondienstes erhöht werden.

Wenn sich ein Teilnehmer mit seinem mobilen Endgerät (Funkgerät) von einer Zelle in eine andere bewegt, dann muß das Funktelefonsystem zwei Aufgaben bewältigen. Das ist einmal die Aufgabe, den Wechsel zwischen den Zellen zu registrieren, damit der Teilnehmer bei einem Anruf in der richtigen Zelle gefunden, das heißt angefunkt werden kann ('roaming'). Zweitens muß das System beim Wechsel des Teilnehmers von einer in die andere Zelle während eines Gesprächs die Kommunikation von dem Sender der einen Zelle zu dem Sender der anderen Zelle übergeben ('hand-over').

Der analoge Funktelefondienst wird in einer ganzen Reihe von Ländern, zum Beispiel in Frankreich und der Bundesrepublik Deutschland, in absehbarer Zeit seine Kapazitätsgrenzen erreichen. Dort wird er von einem digitalen Nachfolgesystem abgelöst werden. Noch bevor der erste digitale Funktelefondienst überhaupt seinen Betrieb aufnehmen konnte, wurde bereits sein Nachfolger geboren, das sogenannte PCN (Personal Communications Network). PCN soll durch Kleinst- oder Mikrozellen eine hohe potentielle Teilnehmerzahl ermöglichen, die bei den stark fallenden Endgerätepreisen als nicht unrealistisch gilt. Mit PCN ist die Vision verbunden, daß der Mensch ständig telefonisch erreichbar sein wird, da er ein immer kleiner werdendes Funkgerät überall hin mitnehmen kann.

Zur Verdeutlichung der Fortentwicklung des Mobilfunks sind folgende Quantifizierungen hilfreich. Während zum Beispiel in der Bundesrepublik Deutschland für den analogen Funktelefondienst die Kapazitätsgrenze bei etwa einer halben Million Teilnehmern liegt, soll die erste digitale Technik etwa vier bis sechs Millionen Teilnehmer erreichen und PCN mehr als zehn Millionen.

Schaubild B.2.6-1: *Funktelefondienst*

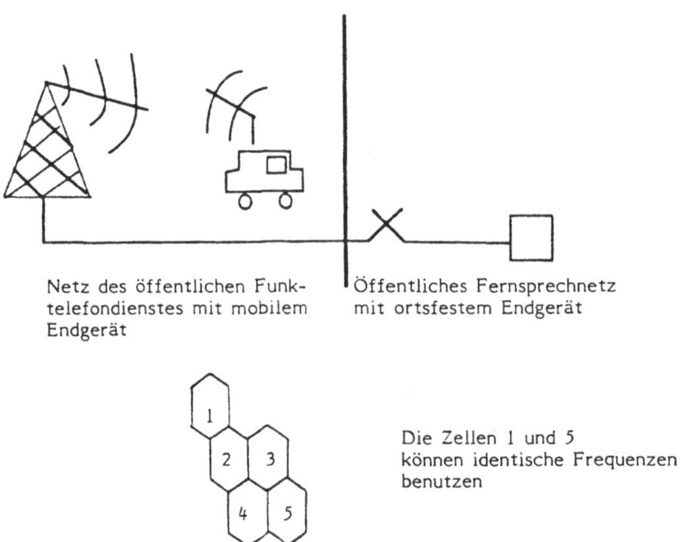

Aus: Chavaudret / Tassel [1987], S. 62f; französische durch deutsche Bezeichnungen
     ersetzt.

Der Funkrufdienst[32] dient dazu, einem Teilnehmer, der mit einem Taschen-
terminal ausgestattet ist, kurze Botschaften zukommen zu lassen. Der rufende Teilnehmer gibt seine Nachricht über das Telefon (Tasten oder Wähl-
scheibe) oder ein Terminal mit einer alphanumerischen Tastatur (in der Regel ein Videotex-Endgerät) ein. Das öffentliche Fernmeldenetz, an das die
beiden Typen von Terminals angeschlossen sind, und der Sender zur Ab-
strahlung sind über eine Schnittstelle miteinander verbunden. Die Nachricht
wird vom Sender zu dem Funkrufempfänger übertragen, dort angezeigt und
abgespeichert. Die Nachricht kann

-    eine optische oder akustische Anzeige,[33]

-    eine Abfolge von Ziffern oder

---

32   Einen guten Überblick zu den national ausgerichteten Funkrufdiensten geben:
     · Lüers / Unholtz [1987]; der pan-europäische Funkrufdienst wird in den beiden
     folgenden Beiträgen dargestellt: Blanc [1989] und Menchén [1989].

33   Entweder leuchtet ein Lämpchen auf oder ein Piepston ertönt.

\-   eine Abfolge von alphanumerischen Zeichen

sein.

Schaubild B 2.6-2: Funkrufdienst

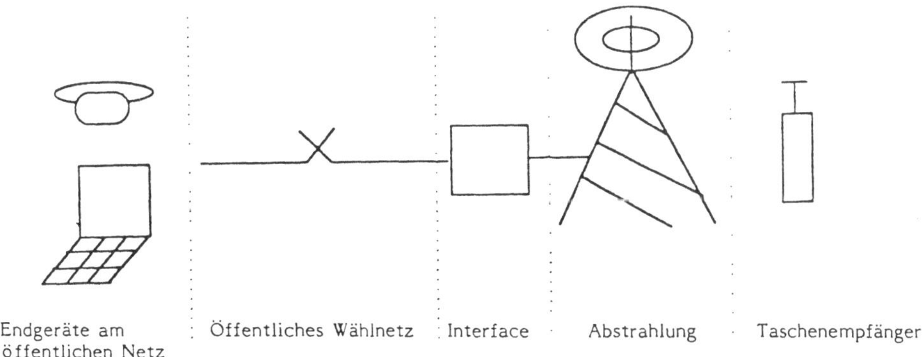

Aus: Chavaudret / Tassel [1987], S. 71; französische durch deutsche Bezeichnungen ersetzt.

Beim Bündelfunkdienst[34] handelt es sich um einen 'abgemagerten' Funktelefondienst. Der Bündelfunkdienst besitzt im Vergleich zum Funktelefondienst
in der Regel

\-   keinen Vollduplex-, sondern nur einen Halbduplex-Betrieb, das heißt es
     kann jeweils nur einer der beiden Teilnehmer sprechen,

\-   keinen oder einen sehr eingeschränkten Zugang zum öffentlichen Fern-
     sprechdienst,

\-   keinen universellen Zugang, sondern nur für geschlossene Benut-
     zergruppen,

\-   keinen Schutz vor dem Mithören gegenüber anderen Teilnehmern und

\-   nur eine begrenzte Reichweite.

---

34   Zum Bündelfunk siehe: Remy / Cueugniet / Siben [1988], S. 463ff. und Nichol-
      son [1989].

Eine typische Anwendung des Bündelfunks ist der Taxifunk.

Der Telepoint-Dienst[35] kann nicht als genuiner Mobilfunkdienst eingestuft werden, da er im wesentlichen einen alternativen Zugang zum Fernsprechnetz darstellt, der die öffentlichen Sprechstellen zum Teil substituieren wird. Mit schnurlosen Telefonen ist es in der Nähe von sogenannten Telepoints möglich, Telefongespräche zu führen. Dabei kann der Teilnehmer mit dem schnurlosen Telefon nicht angerufen werden, sondern nur er kann anrufen.

Die Nachfrage nach Mobilfunkdiensten ist in den achtziger Jahren sprunghaft angestiegen. Die höchste Nutzung von Mobilfunkdiensten weisen die skandinavischen Länder vor den USA und Großbritannien auf. Die Nutzer der Mobilfunkdienste sind überwiegend Geschäftskunden. Es wird allerdings erwartet, daß mit einem Preisverfall beim Funktelefondienst in den neunziger Jahren zunehmend Privatkunden als Nutzer in Frage kommen werden.

---

35   Vgl. Cummings [1989].

3. Synoptische Übersicht zu den Geschäftsfeldern

In den vorangestellten Darstellungen der einzelnen Geschäftsfelder wurde deutlich, daß keine eindeutige Beschreibung und Quantifizierung der Geschäftsfelder möglich ist, da bei weitem nicht alle erforderlichen Daten dafür vorliegen. Die hier angeführten Überlegungen führen aber zu einem Ansatz, der es erlaubt, wesentliche Strukturen zu identifizieren, zu beschreiben und zu analysieren.

Zu der Tabelle B.3, die die Grundlage der folgenden Überlegungen darstellt, ist eine Vorbemerkung erforderlich. Die Tabelle enthält neben der Zusammenfassung der Kriterien zur Darstellung der Geschäftsfelder Aussagen zu wirtschaftlichen Kenndaten der Geschäftsfelder. Diese Kenndaten wurden mit Hilfe aller dem Verfasser verfügbaren Informationen, die bisweilen nicht veröffentlicht sind, geschätzt.[36] Die Schätzung bezieht sich auf das Jahr 1990, gilt für die Staaten der G-7-Gruppe und erhebt lediglich den Anspruch, den Trend und die Größenordnung richtig wiederzugeben.

Das strategisch bedeutendste Geschäftsfeld ist das der Übertragungswege. Die Stellung dieses Geschäftsfeldes ist durch zweierlei begründet. Zum einen basieren alle anderen Geschäftsfelder auf den Vorleistungen, die dieses Geschäftsfeld für sie erbringt. Das wäre nicht weiter bedeutend, wenn jeder potentielle Anbieter von Diensten die Wahl hätte, zwischen einer Vielzahl von Anbietern von Übertragungswegen als Lieferanten seiner Vorprodukte zu entscheiden oder selbst die erforderlichen Vorprodukte herzustellen. Diese Wahlfreiheit existiert in keinem Staat. Die Zahl derjenigen, die Übertragungswege herstellen und an Dritte verkaufen bzw. vermieten dürfen, ist in jedem Staat stark eingeschränkt. So existiert zum Beispiel in der Bundesrepublik Deutschland ein Monopol und in Großbritannien ein Duopol.[37]

---

36 Ein guten Überblick zu dem veröffentlichten Zahlenmaterial gibt die Organisation für wirtschaftliche Zusammenarbeit und Entwicklung (OECD [1990a]).

37 Vgl. Witte [1990] und DTI [1990], S. 9ff.

Tabelle B.3: *Synoptischer Vergleich der Geschäftsfelder*

Kriterium	Übertra-gungswege	Transport-dienste	Fernsprech-dienst
Funktionalität			
· Transport	neutral	neutral	dienstespez.
· Zuordnung	fest	wahlfrei	wahlfrei
· Kommunikation	individuell	individuell	individuell
· Mobilität	ortsfest	ortsfest	ortsfest
Nutzung			
· Vor-/Endprodukt	Vorprodukt	Vor-/Endpr.	Endprodukt
· gesch./privat	gesch.	gesch.	gesch./priv.
Umsatzanteil	3 - 8 %	2 - 5 %	75 - 90 %
Wachstum	ϕ	ϕ	< ϕ

dienstespez.	=	*dienstespezifisch*
Endpr.	=	*Endprodukt*
gesch.	=	*geschäftlich*
priv.	=	*privat*
ϕ	=	*Durchschnitt*

Zum anderen ist der Wertschöpfungsanteil des Geschäftsfeldes Übertragungswege deutlich höher als sein Umsatzanteil, da der Großteil der Übertragungswege intern als Vorprodukt weitergereicht und deshalb nicht als Umsatz erfaßt wird. Obwohl dazu exakte Zahlen fehlen, kann davon ausgegangen werden, daß das Geschäftsfeld Übertragungswege den höchsten Wertschöpfungsanteil aller Geschäftsfelder aufweist.

Tabelle B.3: Synoptischer Vergleich der Geschäftsfelder (Fortsetzung)

Kriterium	Rundfunk	Mehrwert-dienste	Mobilfunk-dienste
Funktionalität			
· Transport	dienstespez.	dienstespez.	dienstespez.
· Zuordnung	fest	wahlfrei	wahlfrei
· Kommunikation	verteilt	individuell	individuell
· Mobilität	ortsfest	ortsfest	mobil
Nutzung			
· Vor-/Endprodukt	Endprodukt	Endprodukt	Endprodukt
· gesch./privat	privat	gesch.	gesch./priv.
Umsatzanteil	2 - 5 %	2 - 5 %	2 - 5 %
Wachstum	< ϕ	> ϕ	> ϕ

Das wirtschaftlich bedeutendste Geschäftsfeld ist der Telefondienst. Für ihn gilt wie für das Geschäftsfeld Übertragungswege, daß die Zahl der Anbieter sehr begrenzt ist. So existieren zum Beispiel in den USA lokale Monopole[38] und in Frankreich oder der Bundesrepublik nationale Monopole.

Die Ertragsstärke des Telefondienstes und die ihm in fast allen Ländern inhärenten Quersubventionierungsströme lassen ihn als einen instabilen Giganten erscheinen. Die Ertragskraft des Geschäftsfelds reizt in der Regel den

---

38   Die USA ist in etwa 200 sogenannte LATAs unterteilt, in denen jeweils nur eine Gesellschaft den Telefondienst anbieten darf. Der Verkehr zwischen LATAs (inter-LATA) darf von mehreren Gesellschaften abgewickelt werden. Die Gesellschaften, die über exklusive Rechte in einem LATA verfügen, dürfen allerdings nicht den Inter-LATA-Verkehr abwickeln. (Vgl. Wieland [1985], S. 27 ff.)

Monopolisten und denjenigen, der über das Monopol verfügen kann, das ist in der Regel der Staat, monopolistische Preise zu setzen oder zuzulassen. Damit werden allerdings der Gesellschaft Wohlfahrtsverluste zugefügt.[39] Die Gewinne fließen dann entweder dem Staat als Eigentümer des Monopols oder dem Unternehmen zu. Die hohen Gewinne für das gesamte Geschäftsfeld oder in bestimmten Sektoren (Quellen der Quersubventionierung) des Telefondienstes führen zu einem Druck von der Seite potentieller Anbieter, das Monopol aufzuheben. Die Untersuchungen zum französischen Telefondienst für 1984[40] zeigen, daß in einer Vielzahl von Bereichen des Geschäftsfeldes enorme Gewinne existieren und damit potentielle Konkurrenten angezogen werden.

Die Geschäftsfelder der Mehrwertdienste und die des Mobilfunks weisen die größte Dynamik auf. Charakteristisch für diese beiden Geschäftsfelder sind der hohe technische Innovationsgrad und das rasche Wachstum des Geschäftsvolumens.

Der Marktzutritt ist im Bereich der Mobilfunkdienste in der Regel nicht so einfach wie im Bereich der Mehrwertdienste, da die knappen Frequenzressourcen für den Mobilfunk nur eine beschränkte Anzahl von Anbietern zulassen. Während für zellulare Mobiltelefonnetze häufig nur zwei Anbieter[41] lizenziert werden, sind für Funkruf-, Bündelfunk- und Telepointdienste oft mehr als zwei Anbieter autorisiert worden. Dagegen bestehen für Mehrwertdiensteanbieter häufig überhaupt keine Marktzutrittsschranken in der Form von Genehmigungs- oder Lizenzierungsrechten. Wenn ˙ solche Barrieren existieren, führen sie zu keiner so starken Anbieterkonzentration wie im Mobilfunk.

Beide Geschäftsfelder werden durch technologische Innovation im Bereich der Mikroelektronik und Software geprägt, die sich unmittelbar in einem verbesserten Nutzen für den Kunden oder neuen Dienstleistungen nieder-

---

39   Zu den gesellschaftlichen Kosten von Monopolpreisen siehe: Samuelson / Nordhaus [1985], S. 417ff.

40   Siehe im Anhang unter Punkt F.1.

41   Zum Beispiel in der Bundesrepublik Deutschland und Frankreich.

schlagen. Für den Mobilfunk kommt zusätzlich die Innovation im Bereich der Funktechnik hinzu. So führt zum Beispiel die Miniaturisierung der Endgeräte für den Funktelefondienst durch Fortschritte in der Mikroelektronik und der Funktechnik zu neuen Einsatzmöglichkeiten bei gleichzeitig fallenden Preisen.

Das Wachstum der beiden Geschäftsfelder in den achtziger Jahren war enorm: Während zum Beispiel die Zahl der Fernsprechanschlüsse eine moderate Wachstumsrate aufwies, vervielfachte sich die Zahl der Funktelefon- oder Videotex-Anschlüsse. So stieg die Zahl der Fernsprechanschlüsse in der Bundesrepublik Deutschland von 20,9 Mio. in 1980 auf 29,4 Mio. in 1989, also um 4% im Jahresdurchschnitt. Dagegen stieg die Zahl der Funktelefonanschlüsse von 15 Tsd. in 1980 auf 185 Tsd. in 1989, also um 32% jährlich, und die Zahl der Videotex-Anschlüsse von 10 Tsd. in 1980 auf 195 Tsd. in 1989, also um 64%.[42] Bei diesen Zahlenangaben ist allerdings zu berücksichtigen, daß die Bundesrepublik Deutschland nicht unbedingt repräsentativ ist, da die Wachstumsraten für Videotex in Frankreich und die für den Funktelefondienst in Großbritannien deutlich höher sind und das Marktvolumen jeweils über dem der Bundesrepublik Deutschland liegt.

---

42   Angaben aus: Generaldirektion Postdienst [1990], S 38ff.

C. INSTITUTIONELLER RAHMEN

Mit der zunehmenden Differenzierung der Produkte der Telekommunikation durch technologische Innovationen und mit der Abgrenzung der Funktionen von Regulierung und Betrieb im Telekommunikationssektor als Folge der Zulassung von Wettbewerb geht ein institutioneller Wandel einher. Dieser Wandel oder Umbau vollzieht sich in Frankreich nicht in einem singulären Akt, sondern in Schritten. Im Zentrum des Interesses stehen dabei die Nachfolger der P.T.T.,[1] der Verkörperung des alten Systems. Diese Staatsverwaltung, mit einem Minister an der Spitze, übte mehr als hundert Jahre lang zugleich hoheitliche und betriebliche Funktionen aus.

Aus den hoheitlichen Funktionen haben sich die Regulierungsinstitutionen entwickelt. Das Hauptinteresse gilt hier den Institutionen, die auf die zuvor beschriebenen Geschäftsfelder regulierend einwirken. Das ist vor allem eine, nämlich das für die Telekommunikation zuständige Ministerium, das Ministère des Postes et Télécommunications. Darüber hinaus gilt es die für die Verteilkommunikation zuständige Regulierungsinstitution näher zu betrachten, den Conseil Supérieur de l'Audiovisuel, und die nicht direkt in den Prozeß der Regulierung eingreifenden sekundären Institutionen zu behandeln.

Die betrieblichen Funktionen sind im wesentlichen auf die France Télécom übertragen worden. Nur ein bislang marginaler Teil des Marktes wird von Konkurrenten der aus der P.T.T. geborenen France Télécom versorgt. Das ist der eine Grund, warum nachfolgend nur die France Télécom betrachtet wird. Der zweite leitet sich aus dem Anliegen der Regulierung ab, bei der Einführung von Konkurrenz den marktbeherrschenden Anbieter, also die France Télécom, und nicht die kleinen Unternehmen vorrangig zu regulieren.

---

1   Die Abkürzung P.T.T. stand lange Zeit für 'Postes, Télégraphes et Téléphones'. Durch das Vordringen neuer Techniken und der Erweiterung des Aufgabengebietes der P.T.T. wurde ihre Umbenennung erforderlich, wobei allerdings das Kürzel P.T.T. unverändert blieb. Unter der Abkürzung wurde nunmehr 'Postes, Télécommunications et Télédiffusion' subsumiert.

1. Regulierungsinstitutionen

1.1. Conseil Supérieur de l'Audiovisuel

Der CSA (Conseil Supérieur de l'Audiovisuel) wird hier nur insofern behandelt, als er in die zuvor beschriebenen Geschäftsfelder regulierend einwirkt. Gegenüber seiner Vorläuferin, der CNCL (Commission Nationale de la Communication et des Libertés),[2] hat der CSA Kompetenzen an das für Telekommunikation zuständige Ministerium abgeben müssen.

Der CSA ist eine unabhängige Institution, die die Ausübung der in dem sogenannten 'Gesetz über die Freiheit der Kommunikation' definierten Freiheit unter den in dem Gesetz genannten Konditionen garantiert.[3] Der CSA besteht aus neun Mitgliedern, wovon je drei Personen durch den Staatspräsidenten, den Präsidenten der Nationalversammlung und den Präsidenten des Sénats benannt werden. Der Staatspräsident bestimmt den Präsidenten des CSA. Der Rahmen für die Geschäftsordnung des CSA sowie die Struktur und Aufgabeninhalte der den CSA unterstützenden Organisationseinheiten sind in einem Dekret festgelegt.[4]

Die Vorstellung des Gesetzgebers aus dem Jahr 1986, daß die Kompetenz zur Regulierung der Individual- als auch der Massenkommunikation bei einer einzigen unabhängigen Institution liegen sollte, wurde durch die Gesetzgebung der Jahre 1989 und 1990 revidiert. Unter einer unabhängigen Institution wurde zunächst nur eine Einrichtung verstanden, die kein Ministerium sein durfte.[5] Bereits 1987 hat die gleiche Regierung, die ein Jahr zuvor noch eine einzige unabhängige Regulierungsinstitution favorisierte, in ihrem Entwurf für das Gesetz zur Konkurrenz im Fernmeldewesen erkennen lassen, daß sie diese Vorstellung schon bald wieder aufgegeben hatte. In dem Gesetzentwurf blieben die wesentlichen Regulierungskompetenzen bei dem für die Telekommunikation zuständigen Minister und wurden nicht zur unabhän-

---

2   Die CNCL wurde 1986 geschaffen und 1989 aufgelöst. An ihre Stelle trat 1989 der durch ein Gesetz geschaffene CSA. (Vgl. loi n° 89-25 du 17.1.1989)

3   Das ursprüngliche Gesetz (loi n° 86-1067 du 30.9.1986) wurde mehrfach durch weitere Gesetze verändert und ergänzt (zitiert als loi n° 86-1067 du 30.9.1986 modifiée).

4   Vgl. décret n° 89-518 du 26.07.1989.

gigen CNCL .verlagert.[6] Durch den Gesetzgeber wurden 1989[7] und 1990[8] schließlich dem CSA die Regulierung der Massenkommunikation und dem für die Telekommunikation zuständigen Minister die der Individualkommunikation zugewiesen. Damit waren die alten Kompetenzabgrenzungen zwischen der Regulierung der Individual- und Massenkommunikation im wesentlichen wiederhergestellt worden. Der Ansatz aus dem Jahr 1986 war nun endgültig gescheitert, nachdem er bereits 1987 von seinen Protagonisten aufgegeben worden war.

Die Probleme der französischen Legislative, eine wirklich unabhängige Regulierungsinstanz zu schaffen, sind wiederholt analysiert worden. Eine Erklärung für diese Probleme ist, daß im öffentlichen Recht des französischen Staates eine unabhängige Institution per se einen Widerspruch darstellt.[9] Demzufolge sind auch nominell unabhängige Regulierungsinstanzen durch ihre Konstitution nicht frei von solchen Einflüssen, die ihre Unabhängigkeit in Frage stellen, oder durch ihre begrenzten Kompetenzen nicht in der Lage, die Regulierung selbständig zu betreiben. Dieser Mangel an Unabhängigkeit ist bei dem CSA durchaus festzustellen.[10]

Der CSA verfügt in den relevanten Geschäftsfeldern des Telekommunikationssektors lediglich über Kompetenzen für die Regulierung der Verbreitung von Radio- und Fernsehprogrammen über Satellit, terrestrische Sender und Kabelnetze. Im einzelnen nehmen die Artikel 10, 12, 25, 31 und 34 des 'Gesetzes über die Freiheit der Kommunikation'[11] folgende Kompetenzzuweisungen vor:

---

5   Das sollte damals die mit dem 'Gesetz über die Freiheit der Kommunikation' geschaffene CNCL sein. (Vgl. loi n° 86-1067 du 30.9.1986, Art. 10)

6   Vgl. Pospischil [1988], S. 65ff.

7   Vgl. loi n° 89-25 du 17.1.1989.

8   Vgl. loi n° 90-1170 du 29.12.1990.

9   So argumentiert zum Beispiel Simon [1990], S. 8ff.

10   Vgl. Cohen-Tanugi [1990], S. 31.

11   Vgl. loi n° 86-1067 du 30.9.1986 modifiée.

- Die Errichtung und der Betrieb von Sendern zur terrestrischen Verbreitung von Radio- und Fernsehprogrammen über Funk ist von dem
  CSA zu genehmigen.

- Für direktabstrahlende Satelliten gilt die gleiche Regelung wie für
  terrestrische Sender.

- Der CSA hat bei Kabelnetzen zur Verteilung von Radio- und Fernsehprogrammen lediglich den Betrieb des Netzes zu autorisieren. Die Errichtung des Netzes ist von der zuständigen Gemeinde zu genehmigen.
  Die technischen Spezifikationen der Kabelnetze werden nach Stellungnahme des CSA durch eine gemeinsame Verordnung der zuständigen Minister (insbesondere der für die Industrie, Kommunikation und Telekommunikation zuständigen Ressorts) festgelegt.

Die wesentlichen Rechte des CSA im Bereich der Regulierung der Errichtung und des Betriebs von Verteilnetzen basieren auf seiner Kompetenz
zur Verwaltung der relevanten Frequenzbereiche. Die in der politischen Öffentlichkeit Frankreichs im Vordergrund stehende Hauptaufgabe des CSA, auf
die hier nicht näher eingegangen werden soll, ist die Regulierung der Inhalte
('le contenu') und nicht der Infrastruktur ('le contenant'), über die sie transportiert oder verbreitet werden.[12]

---

12   Vgl. CSA [1990], S. 7ff.

1.2 Ministère des Postes et Télécommunications

Das für die Telekommunikation zuständige Ministerium hat seit dem Ende der sechziger Jahre zwei wesentliche Veränderungen erfahren. Die erste Veränderung besteht darin, daß Ende der sechziger Jahre die beiden Bereiche Post und Telekommunikation durch die Bildung von zwei Generaldirektionen (Direction Générale des Télécommunications und Direction Générale des Postes) unter dem Dach des Ministeriums organisatorisch weitgehend getrennt wurden. Die Bildung von Organisationen mit einer eigenen Rechtspersönlichkeit durch das Gesetz über die Organisation des öffentlichen Post- und Fernmeldewesens markiert den Abschluß des Prozesses der Trennung der beiden Bereiche und ihrer Ausgliederung aus dem Ministerium.[13]

Die zweite Veränderung wurde 1986 durch die Bildung einer für Regulierungsfragen zuständigen Organisationseinheit innerhalb des Ministeriums, die direkt dem Minister unterstellt wurde, eingeleitet. Diese Mission à la Réglementation Générale (MRG) wurde 1989 in die Direction de la Réglementation Générale (DRG) umgewandelt. Damit war eine Aufwertung der Regulierungsfunktion verbunden. Die wesentlichen Aufgaben der Mission à la Réglementation Générale waren die Ausarbeitung eines Entwurfs für ein Gesetz zur Konkurrenz im Fernmeldewesen sowie die Beratung und Unterstützung des Ministers bei der Einführung von Konkurrenz in Bereiche, die von der France Télécom bisher alleine beherrscht wurden, namentlich den Mobilfunk und die Mehrwertdienste.[14]

Das Ministerium besteht heute aus drei Hauptabteilungen ('direction'), von denen zwei nach außen gerichtet sind und unter regulierungspolitischen Gesichtspunkten eine besondere Beachtung verdienen. Es handelt sich dabei um die Direction de la Réglementation Générale und die Direction du Service Public (DSP). Im folgenden Schaubild wird die Aufbauorganisation des Ministeriums dargestellt. Dem Minister unterstehen drei Hauptabteilungen. Weiterhin ist ihm eine Organisationseinheit mit besonderen Aufgaben zugeordnet, auf die später eingegangen wird.

---

13   Vgl. loi n° 90-568 du 2.7.1990.

14   Vgl. Pospischil [1988], S. 38 ff.

Schaubild C.1.2: Aufbau des Ministère des Postes et Télécommunications

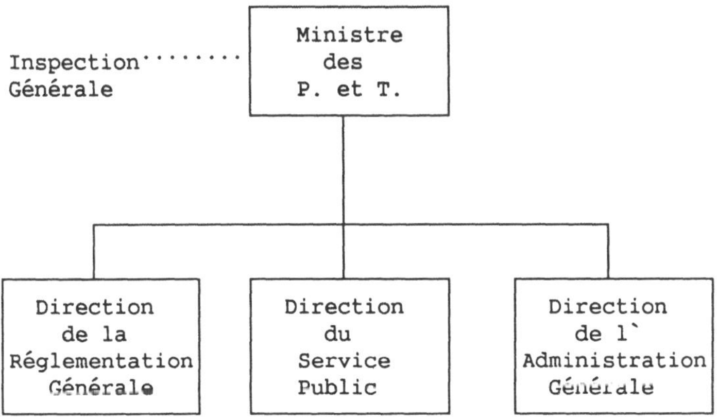

Die Funktion der Direction de la Réglementation Générale wurde 1989 in einem ersten Dekret festgelegt.[15] Mit der Reorganisation des Ministeriums in Folge der Trennung von Hoheit und Betrieb durch das Gesetz über die Regulierung der Telekommunikation wurde ihr Aufgabenbereich um internationale Aktivitäten in einem zweiten Dekret erweitert.[16]

Die DRG hat bei ihrer Aufgabenerfüllung entsprechend der Politik der Regierung zu handeln. Im einzelnen obliegt ihr es,

- die Anwendung geltenden Rechts zu überwachen (Rechtsaufsicht) sowie erforderliche Rechtstexte vorzubereiten (z.B. Gesetzentwürfe),

- Anträge auf Lizenzerteilung entgegenzunehmen und zu überprüfen sowie die Pflichtenhefte bei einer Lizenzerteilung inhaltlich auszugestalten,

- die Frequenzbereiche, die das für Telekommunikation zuständige Ministerium zugewiesen bekommen hat,[17] zu verwalten und an Nutzer (z.B. einen Funktelefondienst in Konkurrenz zur France Télécom) zuzuweisen,

---

15   Vgl. décret n° 89-327 du 19.5.1989.

16   Vgl. décret n° 90-1121 du 18.12.1990, Art. 3.

17   Darunter fallen nicht die Frequenzen, die die France Télécom benutzen darf.

- sowohl das formelle Verfahren und die materiellen Anforderungen für die Zulassung von Endgeräten festzulegen als auch die Zulassungen[18] zu erteilen,

- die internationalen Aktivitäten des Ministeriums (z.B. Teilnahme in Standardisierungsgremien der Vereinten Nationen) zu koordinieren und

- über die Veränderungen im Telekommunikationssektor in nationaler und internationaler Hinsicht Untersuchungen durchzuführen.

Die klassischen Aufgaben einer Institution zur Regulierung von Netzbetreibern und Diensteanbietern sind damit nicht vollständig erfaßt. Es fehlen insbesondere Aufgaben im Rahmen der Wettbewerbskontrolle, nämlich die Preiskontrolle, die Kontrolle der Konditionen und die Prüfung der unerlaubten Quersubventionierung. Da sich diese Regulierungsinhalte fast ausschließlich auf die France Télécom beziehen, erfaßte sie das Dekret aus dem Jahr 1989 nicht. Damals konnte die DRG die France Télécom noch nicht regulieren, da die hoheitlichen und die betrieblichen Funktionen noch in einer Organisation zusammengefaßt waren, dem Ministerium. Mit der Verabschiedung der Gesetze zur Organisation[19] und Regulierung,[20] die die organisatorische und inhaltliche Trennung von Hoheit und Betrieb bedeuten, war zu erwarten gewesen, daß diese Aufgaben der DRG zugewiesen werden würden. Gleiches galt auch für einige hoheitliche Aufgaben, die bislang von der France Télécom wahrgenommen wurden, wie zum Beispiel die Teilnahme in internationalen Gremien zur Standardisierung.

Diese Erwartung wurde nur teilweise erfüllt. Während die internationalen Aktivitäten zur DRG verlagert wurden, kamen Aufgaben im Rahmen der Wettbewerbskontrolle zu der neugeschaffenen DSP. Die DSP übt die Aufsicht gegenüber der France Télécom aus.[21] Die Aufsicht der DSP umfaßt insbesondere eine Kontrolle der

---

18   Die technischen Tests werden nicht durch die DRG durchgeführt.

19   Vgl. loi n° 90-568 du 2.7.1990.

20   Vgl. loi n° 90-1170 du 29.12.1990.

21   Vgl. décret n° 90-1121 du 18.12.1990, Art. 4.

-   Einhaltung der Auflagen des Pflichtenhefts,

-   Realisierung der Vorgaben des Planvertrags,

-   Preispolitik,

-   Angebotspolitik und

-   Personalpolitik.

Damit erfolgt im Ministerium die Aufteilung der Regulierungsfunktion in zwei Abteilungen, die vom Ansatz her konträre Ziele zu verfolgen haben. Der DRG als 'Regulierungsabteilung' wird die DSP als 'Eigentümerabteilung' gegenübergestellt. Während sich die DRG idealtypisch an der Leitlinie 'so viel Wettbewerb wie möglich' auszurichten hat, muß für die DSP das Prinzip der 'Gewinnmaximierung' gelten, das ohne Wettbewerb am besten zu realisieren ist. Deshalb ist die Zuweisung von Kompetenzen im Rahmen der Wettbewerbskontrolle an die DSP unter wettbewerbspolitischen Aspekten bedenklich.

Neben der DRG und der DSP verfügt das Ministerium über eine dritte Hauptabteilung, die Direction de l'Administration Générale, die die Querschnittsfunktionen im Ministerium wahrnimmt.[22] Darüber hinaus steht dem Minister eine Organisationseinheit mit besonderen Aufgaben zur Seite, nämlich die Inspection Générale. Die Generalinspektion übt eine übergreifende Kontrollfunktion für den Minister aus. Bis zur Umbildung der Regierung im Frühsommer 1991 war dem Minister eine weitere Organisationseinheit mit besonderen Aufgaben zugeordnet, die Délégation Générale de l'Espace. Ihre Aufgabe bestand darin, eine kohärente französische Satellitenstrategie im Auftrag der Regierung sicherzustellen.[23] Nach der Kabinettsumbildung wurde die Délégation Générale de l'Espace in ein anderes Ministerium verlagert. Wegen dieser Sonderaufgabe trug das Ministerium zeitweise die Bezeichnung Ministère des P.T.E.[24]

---

22   Vgl. ebenda, Art. 6.

23   Vgl. ebenda, Art. 2 und 5.

24   P.T.E. steht für Postes, Télécommunications et Espace.

1.3 Sekundäre Institutionen

Unter sekundären Regulierungsinstitutionen werden solche Institutionen verstanden, die nicht selbständig regulierend in den Markt oder auf die France Télécom einwirken können. Sie erfüllen Beratungsfunktionen für die federführende Regulierungsinstitution, sind vor deren Entscheidungen anzuhören, durch ein Einvernehmen einzubinden oder üben eine implizite Kontrolle aus, indem sie die Öffentlichkeit, das Parlament oder die Regulierungsinstitutionen über ihre Erkenntnisse und Meinungen informieren. Es existieren drei Kategorien von sekundären Regulierungsinstitutionen.

Die erste Kategorie der sekundären Regulierungsinstitutionen wird von Ministerien gebildet, die je nach Problemstellung Entscheidungen des für die Telekommunikation zuständigen Ministers mitzutragen haben. In erster Linie werden davon die Ministerien erfaßt, die für die Bereiche Wirtschaft, Finanzen, Öffentlicher Dienst, Industrie, Außenhandel und Kommunikation zuständig sind. In dieser Gruppe genießt der Minister, der in der Regel für die beiden Ressorts Wirtschaft und Finanzen zuständig ist, eine besonders starke Stellung, da er auf die Festsetzung der wesentlichen Preise der France Télécom einen direkten Einfluß hat.[25]

Die zweite Kategorie erfaßt zwei Institutionen, die gegenüber der France Télécom selbständig Untersuchungen durchführen können und ihre Ergebnisse und Erkenntnisse veröffentlichen. Das ist erstens die mit dem Gesetz über die Organisation des öffentlichen Post- und Fernmeldewesens geschaffene Commission Supérieure du Service Public des Postes et Télécommunications. Diese Kommission wacht im wesentlichen über die Realisierung der politischen Ziele zur öffentlichen Daseinsvorsorge ('service public'). Sie berät den für die Telekommunikation zuständigen Minister und veröffentlicht zugleich ihre Einschätzung zumindest einmal im Jahr in ihrem Jahresbericht an das Parlament und den Premierminister. Die Kommission besteht aus sechs Mitgliedern des Parlaments, vier Senatoren und drei Fachleuten, die vom für Post und Telekommunikation zuständigen Minister benannt werden. Ihre Leitung obliegt einem Mitglied des Parlaments.[26] Die zweite Institution dieser Kategorie ist der Cour de Comptes, der Rechnungshof. Er setzt auch nach

---

25   Vgl. décret n° 90-1213 du 29.12.1990, Cahier des charges, Art. 33.

der juristischen Umwandlung der Verwaltung France Télécom in ein Unternehmen mit einem öffentlich-rechtlichen Charakter seine Kontrolltätigkeit gegenüber der France Télécom fort. Der Rechnungshof wacht über das Finanzgebaren der France Télécom.[27] Er veröffentlicht seine Ergebnisse und Erkenntnisse im Staatsanzeiger ('Journaux officiels').

Die dritte Kategorie besteht aus zwei Institutionen, die vom für die Telekommunikation zuständigen Minister geführt werden und auf seine Anforderung zu von ihm formulierten Fragen Stellung nehmen. Das ist der Conseil National des Postes et Télécommunications und die Commission Supérieure du Personnel et des Affaires Sociales à Caractère Paritaire.[28] Beide Institutionen sind von ihrer Zusammensetzung und Kompetenz dazu angelegt, unterschiedliche Interessen zu identifizieren, zu kanalisieren und Entscheidungen des Ministers abzusichern.

---

26   Vgl. loi n° 90-568 du 2.7.1990, Art. 35.

27   Vgl. ebenda, Art. 39.

28   Vgl. ebenda, Art. 36 und 37.

2. France Télécom

2.1 Geschäftszweck

Im Gegensatz zur alten Rechtslage formuliert das Gesetz über die Organisation des öffentlichen Post- und Fernmeldewesens erstmals, welchem Zweck die France Télécom als öffentliches Unternehmen dienen soll. Sie muß folgende Aufgaben erfüllen:[29] Sie hat

- die Bereitstellung aller öffentlichen Individualdienste im Inland und mit dem Ausland sicherzustellen, insbesondere den Zugang zum Fernsprechdienst für alle Personen, die einen entsprechenden Antrag stellen,

- die Entwicklung, Errichtung und den Betrieb der für die Bereitstellung dieser Dienste erforderlichen öffentlichen Netze durchzuführen und deren Anschluß an die ausländischen Netze sicherzustellen,

- sonstige Telekommunikationsdienste, -anlagen und -netze unter Einhaltung der Wettbewerbsregeln bereitzustellen und

- sowohl die Errichtung von Netzen für die Ausstrahlung von Radio- oder Fernsehprogrammen über Kabel als auch über Beteiligungen die Mitwirkung am Betrieb besagter Netze im Rahmen der geltenden Vorschriften zu betreiben.

Darüber hinaus hat die France Télécom die Aufgabe, innerhalb ihres Tätigkeitsbereiches

- Forschung und Entwicklung zu fördern,

- die staatliche Hochschulausbildung mitzutragen,

- ihren Beitrag im Rahmen der Landesverteidigung und öffentlichen Sicherheit zu leisten und

- in Fragen der Raumordnung aktiv die Politik der staatlichen Instanzen zu unterstützen.

---

29 Vgl. loi n° 90-568 du 2.7.1990, Art. 3.

Die im ersten Kapitel des Gesetzes festgelegten Prinzipien sind in einem Pflichtenheft zu konkretisieren, das in der Form eines Dekrets, das vom Staatsrat zu verabschieden ist, definiert wird.[30] Das Pflichtenheft legt insbesondere fest, unter welchen Bedingungen die France Télécom

- die Versorgung des gesamten Staatsgebietes,

- die gleichberechtigte Behandlung der Nutzer,

- die Qualität und Verfügbarkeit der angebotenen Dienstleistungen,

- die Neutralität und Vertraulichkeit der Dienstleistungen,

- die Beteiligung an der Raumplanung und

- ihren Beitrag zur Erfüllung von Aufgaben bezüglich Verteidigung und öffentlicher Sicherheit

zu erbringen hat. Der France Télécom wird es ausdrücklich gestattet, in Frankreich und im Ausland alle mittelbar oder unmittelbar mit ihrem Geschäftszweck verbundenen Tätigkeiten auszuüben. Dazu darf sie Tochtergesellschaften gründen, Kooperationen eingehen oder Beteiligungen erwerben.[31]

Damit hat der Gesetzgeber der France Télécom einen sehr großen Bereich für ihre geschäftlichen Aktivitäten zugestanden, nämlich den Telekommunikationssektor, ganz gleich, ob im In- oder Ausland, ganz gleich, ob als Hersteller, Netzbetreiber oder Diensteanbieter und ganz gleich, ob durch die Muttergesellschaft oder über Tochtergesellschaften, Beteiligungen oder Kooperationen. Innerhalb dieses Rahmens hat die France Télécom gewisse Sachziele vorgegeben bekommen. Das sind die klassischen Ziele für einen öffentlichen Anbieter von Netzen und Diensten: Bereitstellung einer flächendeckenden Telekommunikationsinfrastruktur und des Fernsprechdienstes, Nichtdiskriminierung der Kunden und fairer Wettbewerb. Formalziele enthält das Gesetz nicht.

---

30   Vgl. ebenda, Art. 8.
31   Vgl. ebenda, Art. 7.

Das Pflichtenheft, das ein halbes Jahr nach Verabschiedung des Gesetzes über die Organisation des öffentlichen Post- und Fernmeldewesens erlassen wurde, legt darüber hinaus fest, welche Dienste die France Télécom anbieten muß. Das sind zum einen die beiden Dienste, für die sie ein Monopol besitzt, der Telefondienst und der Telexdienst. Sie hat jedoch auch Dienste anzubieten, die gleichzeitig von ihren Konkurrenten angeboten werden können. Das sind aus dem Geschäftsfeld der Transportdienste die Festverbindungen sowie die paket- und leitungsvermittelte Datenübertragung. Aus dem Geschäftsfeld Mobilfunk hat die France Télécom den Funktelefondienst und alle Dienste, die sie zum 31.12.1990 angeboten hat, weiterhin anzubieten.[32]

2.2 Rechtsform

Die Bezeichnung France Télécom für die DGT (Direction Générale des Télé-communications) täuschte ab dem 1.1.1988 der Öffentlichkeit vor, daß sich bei der DGT etwas verändert hätte. Tatsächlich sollte die DGT nach dem Willen der Regierung Chirac (1986-88) zum 1.1.1988 eine neue Rechtsform erhalten, doch die Regierung scheiterte mit ihrem Reformvorhaben.[33] So wurde nur der Name geändert. Die Diskussion über die Rechtsform der französischen Fernmeldeverwaltung war schon Ende der sechziger Jahre aufgenommen worden und seitdem nicht mehr zur Ruhe gekommen. Bereits 1969, ein Jahr nach der Schaffung der DGT und der DGP (Direction Générale des Postes) unter dem Dach des P.T.T.-Ministeriums wurde die rechtliche Verselbständigung der DGT gefordert. Die Forderung, die DGT in ein EPIC (Etablissement Public à caractère Industriel et Commercial) umzuwandeln, wurde damals vom späteren Staatspräsidenten Giscard d'Estaing erhoben.[34] 1978 forderten Nora und Minc in 'L'informatisation de la société,' einem Bericht an den Staatspräsidenten, die Umwandlung der Staatsverwaltung DGT in eine privatrechtliche Gesellschaft in staatlichem Eigentum.[35] Ende der achtziger Jahre faßte Prévot in seinem Bericht an den für die Telekommu-

---

32   Vgl. décret n° 90-1213 du 29.12.1990, Cahier des charges, Art. 3 und 4. Mehr dazu unter Punkt D.2.1.

33   Vgl. Pospischil [1988], S. 65 ff.

34   Vgl. Libois [1983], S. 239 ff.

35   Vgl. Nora/Minc [1978], S. 14

nikation zuständigen Minister Argumente zusammen, die gegen eine Staatsverwaltung France Télécom sprachen:[36]

- Die France Télécom benötigt eine Selbständigkeit in Fragen der Unternehmensführung. Die bisherige Praxis, daß das Management der France Télécom nicht ohne Zustimmung von Aufsichtsorganen (Premierminister, Finanzminister, P.T.T.-Minister oder Parlament) über Fragen der Personalpolitik, Finanzwirtschaft und Aufbauorganisation entscheiden kann, muß abgeschafft werden.

- Die öffentliche Daseinsvorsorge ('service public') im Telekommunikationssektor kann nicht länger durch eine klassische Staatsverwaltung gesichert werden. Dazu ist eine Organisation erforderlich, die über einen eigenständigen Rechtscharakter verfügt.

- Die France Télécom hat einen Anspruch darauf, daß ihr eindeutige und stabile Rahmenziele gesetzt werden. Ein Eingriff in die Aktivitäten der France Télécom muß künftig unterbleiben. Die Rahmenziele sind zwischen der France Télécom und ihrer Aufsicht in Verträgen zu konkretisieren.

- Die France Télécom muß die durch die Verwaltungspraxis geprägten Techniken der Unternehmens- und Betriebsführung ablegen und zu den in der Privatwirtschaft üblichen Methoden übergehen, wie zum Beispiel von der Kameralistik zu einem Rechnungswesen, das sowohl externen Anforderungen des Handels- und Steuerrechts bzgl. der Buchführung als auch internen Anforderungen bzgl. der Kostenrechnung genügt.

Zum 1. Januar 1991 schuf der französische Gesetzgeber eine neue Rechtsform für die France Télécom. Im Gesetz über die Organisation des öffentlichen Post- und Fernmeldewesens wird zwar die Rechtsform definiert, doch nicht als EPIC bezeichnet, wie das eigentlich korrekt wäre. Damit wird bewußt ein Reizwort aus der Diskussion um die Reorganisation der France Télécom vermieden. Das Gesetz bezeichnet die France Télécom als einen 'öffentlichen Betreiber' ('exploitant public').[37] Doch wie bei einem EPIC wird dann Schritt für Schritt in dem Gesetz festgelegt, welche Aufgaben die

---

36 Vgl. Prévot [1989], S. 118 ff.

France Télécom zu erfüllen hat (Kapitel I), wie sie geleitet wird (Kapitel II und III), welche Abgaben und Steuern sie zu tragen hat (Kapitel IV), was ihr Vermögen darstellt (Kapitel V), welchen Rechtscharakter ihre Beziehungen zu den Kunden, Lieferanten und Dritten aufweisen (Kapitel VI), wie die Beschäftigten arbeitsrechtlich zu behandeln sind (Kapitel VII) und wer die Aufsicht wahrnimmt (Kapitel VIII). Der durch das Gesetz vorgegebene Rahmen ist durch ein Pflichtenheft für die France Télécom und durch einen mehrjährigen Planvertrag zwischen der France Télécom und ihrer Aufsicht auszufüllen.

Die in dem Bericht von Prévot bevorzugte und schließlich auch realisierte Lösung, die Staatsverwaltung in die Rechtsform des EPIC zu überführen, war 1987 in einem Bericht des Sénats untersucht und verworfen worden.[38] Der Sénat bevorzugte damals die Lösung, die France Télécom in eine Aktiengesellschaft umzuwandeln. Das EPIC und die Aktiengesellschaft unterscheiden sich von der Staatsverwaltung dadurch, daß sie einen eigenständigen Rechtscharakter und einen eigenen Haushalt aufweisen. Die zwischen einem EPIC und einer Aktiengesellschaft bestehenden Unterschiede resultieren aus dem unterschiedlichen Rechtscharakter der privatrechtlichen Aktiengesellschaft und dem öffentlich-rechtlichen EPIC. Hervorzuheben sind in diesem Zusammenhang insbesondere das Personalwesen und die Beteiligung am Eigenkapital. In einem EPIC können sowohl Beamte mit öffentlich-rechtlichen als auch Angestellte mit privatrechtlichen Arbeitsverträgen beschäftigt werden. Dagegen kann eine Aktiengesellschaft nur Angestellte mit privatrechtlichen Arbeitsverträgen beschäftigen. Während das Eigenkapital eines EPIC nur vom Staat gehalten werden kann, können an einer Aktiengesellschaft beliebig viele Aktionäre, ob staatliche oder private, beteiligt sein.

Vor dem Hintergrund der nunmehr schon gut 20 Jahre andauernden Diskussion über die Rechtsform der France Télécom kann die Entscheidung für die Rechtsform des EPIC wie folgt eingeordnet werden. Erstens trägt sie als Kompromißlösung den wesentlichen Forderungen der Gewerkschaften als den Verfechtern des Status quo und denen der Kritiker des Status quo Rechnung.

---

37   Vgl. loi n° 90-568 du 2.7.1990.

38   Vgl. Sénat [1987], S. 99 f.

Die Gewerkschaften konnten die Arbeitsplatzgarantie, das heißt die Aufrechterhaltung des Beamtenstatus, und die Kritiker der alten France Télécom ihre Forderungen nach finanzieller und rechtlicher Autonomie durchsetzen. Zweitens kann die Umwandlung in ein EPIC als ein wesentlicher Schritt
in Richtung Aktiengesellschaft dienen, wenn sich seine Rechtsform als unangemessen herausstellen sollte.

2.3 Organisation

Die Organisation von France Télécom soll hier insofern behandelt werden,
als sie Besonderheiten gegenüber anderen vergleichbaren Unternehmen und
Verwaltungen aufweist.[39] Erstens soll betrachtet werden, ob die in der
Vergangenheit gemeinsam wahrgenommenen Funktionen Hoheit und Betrieb
organisatorisch nun vollständig getrennt werden. Zweitens ist eine Beschäftigung mit der Organisation der industriepolitischen Aktivitäten der
France Télécom erforderlich. Drittens sind die in Tochtergesellschaften ausgegliederten Aktivitäten zu behandeln.

Zum ersten Punkt, der organisatorischen Trennung von Hoheit und Betrieb,
ist nach der grundsätzlichen Behandlung der Frage unter C.1.2. nur eine
Kontrollmeldung erforderlich. Bislang war auf zwei relevanten Niveaus die
Trennung von Hoheit und Betrieb nicht sauber vollzogen worden. Auf der
dem Minister direkt nachgeordneten Entscheidungsebene existierte zwar eine
organisatorische Trennung zwischen Hoheit (Direction de la Réglementation
Générale) und Betrieb (Direction Générale des Télécommunications oder
France Télécom), die aber durch die Zusammenfassung der Linienverantwortung beim Minister aufgehoben wurde. Die Reorganisation durch das Gesetz
über die Organisation des öffentlichen Post- und Fernmeldewesens hat zwar
die zwei getrennten Organisationen Ministerium und France Télécom geschaffen, doch nicht zwei voneinander unabhängige Organisationen. Durch die
Verquickung von Regulierungs- und Eigentümerfunktion verfügt das Ministerium nicht nur über einen regulatorischen Zugriff auf die France Télécom,
sondern auch einen, der sich aus seinem Eigentum an der France Télécom

---

39   Einen Überblick zur Aufbauorganisation gibt Pospischil [1988] , S. 3 ff; zu den
      quantitativ bedeutsamsten Bereichen Produktion und Absatz siehe Bonnetblanc
      [1985], S. 111 ff.

ableitet. Obwohl nun eine klare organisatorische Trennung zwischen der France Télécom und dem Ministerium vorhanden ist, stellt die gleichzeitige Wahrnehmung der Eigentümerrechte und der Regulierungsfunktion in einer Hand beim Minister die Trennung von Hoheit und Betrieb in Frage.

Auch auf der operativen Ebene waren Hoheit und Betrieb ineinander verwoben. Zwei wesentliche Beispiele dafür sind die technischen Tests bei der Zulassung von Endgeräten und die Frequenzkontrolle. In beiden Fällen konnte sich die France Télécom sowohl selbst als auch ihre Wettbewerber kontrollieren. Heute werden nicht alle diese Aufgaben von der Regulierungsinstitution Ministère des P. et T. wahrgenommen. Die France Télécom erfüllt zumindest übergangsweise Aufgaben für die Regulierung, da die Regulierungsinstitution diese - noch - nicht ausüben kann. Das sind insbesondere die oben angeführten Tests als Voraussetzung für die Zulassung. Im Bereich der Frequenzkontrolle wird durch die Einrichtung des Service Nationale des Radiocommunications zumindest für den Bereich der Frequenzkontrolle für den Mobilfunk und den Satellitenfunk ein erster Schritt getan. Dieses Zentralamt ist allerdings nur für die Frequenzen zuständig, die an Wettbewerber der France Télécom vergeben werden.[40] Damit kontrolliert die France Télécom selbst ihre Frequenznutzung, das heißt nicht die eigentlich zuständige Regulierungsinsitution.

Es ist also festzustellen, daß trotz einer klaren organisatorischen Abgrenzung von der Betriebsorganisation France Télécom und der Regulierungsinstitution Ministère des P. et T. damit keine vollständige Abgrenzung ihrer Funktionen verbunden ist.

Zum zweiten Punkt, der Organisation der industriepolitischen Aktivitäten der France Télécom, ist zunächst ein kurzer Blick auf die Funktionen der relevanten Hauptabteilung erforderlich. Die France Télécom besitzt seit 1976 eine Hauptabteilung für Industriepolitik und internationale Aktivitäten, die DAII (Direction des Affaires Industrielles et Internationales). Der DAII unterstehen das 1944 durch ein Gesetz geschaffene Forschungs- und Entwicklungszentrum CNET (Centre National d'Etudes des Télécommunications), die

---

40   Vgl. décret n° 90-1138 du 21.12.1990.

Einkaufsabteilung, der Betrieb der internationalen Netze (Seekabel und Satelliten) und der Netze in den Überseedepartements und -gebieten Frankreichs und die internationalen Niederlassungen oder Büros der France Télécom.

Die Industriepolitik der France Télécom, das heißt das Zusammenwirken ihrer Beschaffungspolitik, ihrer Forschungs- und Entwicklungspolitik und ihrer internationalen Aktivitäten kann wie folgt charakterisiert werden. Die Strategie der France Télécom besteht darin, die französische Industrie durch ihre Forschungs- und Entwicklungspolitik finanziell zu entlasten,[41] durch ihre Beschaffungspolitik ihren Heimmarkt vor ausländischen Konkurrenten abzuriegeln[42] und durch ihre internationalen Aktivitäten die französische Industrie in deren Exportbemühungen zu unterstützen. Diese drei Instrumente der Industriepolitik werden später ausführlich beschrieben.[43]

An dieser Stelle soll lediglich darauf eingegangen werden, welche Vorschläge zur Reorganisation der Industriepolitik der France Télécom im Zusammenhang mit der Reform von Bedeutung waren. Die Diskussion konzentrierte sich auf die Frage, wie das CNET künftig einzuordnen sei. Dabei wurden zwei Alternativen erwogen. Die eine stellte den Status quo dar und die andere wollte das CNET aus dem Bereich der France Télécom lösen und es als nationales Forschungs- und Entwicklungszentrum sowohl von der France Télécom als auch von der französischen Industrie finanzieren lassen. Die zweite Alternative geht auf den gescheiterten Gesetzentwurf der konservativ-liberalen Regierung aus dem Jahr 1987 zurück.[44] Das Gesetz zur

---

41 Im internationalen Vergleich leisten die französischen Hersteller ziviler Telekommunikationsgüter den geringsten Beitrag, nämlich lediglich knapp 40% der Forschungs- und Entwicklungskosten. Die restlichen gut 60% werden durch die France Télécom entweder in den eigenen Forschungs- und Entwicklungseinrichtungen erbracht oder durch sie finanziert. Die höchsten Beiträge leisten die japanische Industrie mit rund 75% und die deutsche Industrie mit knapp 90%. (Vgl. Schnöring / Grupp [1990], S. 16 ff.)

42 Die Beschaffungspolitik von France Télécom hat in den wesentlichen Bereichen, das heißt der Vermittlungs- und der Übertragungstechnik, fast ausschließlich zu Bestellungen bei der französischen Industrie geführt. So sind zum Beispiel die zwei Vermittlungssysteme MT und E 10, die die France Télécom einsetzt, beide von Alcatel. (Vgl. Le Bolloch-Puges [1989], S. 31-43 u. 85ff.)

43 Siehe Punkt E.2.2.

44 Vgl. Longuet [1988], S. 227f.

Organisation des öffentlichen Post- und Fernmeldewesens legt nicht fest, daß die von der France Télécom zu erbringenden Aufwendungen für Forschung und Entwicklung in einem Forschungs- und Entwicklungszentrum der France Télécom erfolgen müssen.[45] Doch das Pflichtenheft der France Télécom überträgt ihr die Aufsicht über das CNET ohne weitere Festlegungen zu treffen.[46] Damit wird zunächst der Status quo festgeschrieben. Da keine gesetzliche Festlegung über die Zuordnung des CNET existiert, könnte eine Ausgliederung aus der France Télécom erfolgen, wenn die französische Industrie bereit wäre, das CNET finanziell mitzutragen. Das ist aber nicht zu erwarten.

Als dritte und letzte Besonderheit der Organisation der France Télécom ist die Ausgliederung von Aktivitäten in rechtlich selbständige Tochtergesellschaften zu behandeln. Die nachfolgende Aufzählung und stichwortartige Charakterisierung der Tochtergesellschaften verdeutlicht, daß es sich bei ihnen um keine Randerscheinung handelt. Von dem Gesamtumsatz des Konzerns France Télécom in 1989 wurden gut drei Viertel vom Telefondienst erbracht. Vom Rest wurde rund die Hälfte von den Tochtergesellschaften erwirtschaftet. Die fünf wichtigsten und mehrheitlich durch die France Télécom kontrollierten Firmen sind:[47]

- *Télédiffusion de France (TDF)*
  - 1974 bei der Auflösung des ORTF entstanden
  - 51% Beteiligung seit 1989
  - 3,3 Mrd. Francs Umsatz in 1989 (+ 13% gegenüber Vorjahr)
  - Geschäftsfelder: terrestrische Netze für Radio und Fernsehen, direktabstrahlende Rundfunk-Satelliten (TDF 1 und TDF 2), Mobilfunk

---

45   Vgl. loi n° 90-568 du 2.7.1990, Art. 4.

46   Vgl. décret n° 90-1213 du 29.12.1990, Cahier des charges, Art. 21.

47   Vgl. Cogecom [1990], S. 6ff. und France Télécom [1990], Rapport financier, S. 22ff.

- *France-Cables et Radio (FCR)*
  - 1913 gegründet
  - 100% Beteiligung
  - 1,3 Mrd. Francs Umsatz in 1989 (+ 28%)
  - Geschäftsfelder: Internationale Aktivitäten
    (z.B. Seekabel, Consulting), Geschäfts-
    kommunikation (z.B. Telekonferenzstudios)

- *Transpac*
  - 1978 gegründet
  - 97% Beteiligung
  - 3,1 Mrd. Francs Umsatz in 1989 (+16%)
  - Geschäftsfelder: Betrieb und Vermarktung des
    paketvermittelten Datenübertragungsnetzes (nach
    X.25) und des Message-Handling-Systems Atlas
    400 (nach X.400)

- *Télésystèmes*
  - 1969 gegründet
  - 100% Beteiligung
  - 1,4 Mrd. Francs Umsatz in 1989 (+40%)
  - Geschäftsfelder: Rechenzentren, Netzmanagement,
    Software, Datenbanken, Telematikdienste

- *Entreprise Générale de Télécommunications (EGT)*
  - 1965 gegründet
  - 100% Beteiligung
  - 0,9 Mrd. Francs Umsatz in 1989 (+18%)
  - Geschäftsfelder: Verkauf von Endgeräten (z.B.
    Anrufbeantworter, Telekopierer, Funktelefone)

Zur Bildung und verstärkten Nutzung von rechtlich selbständigen Tochtergesellschaften kam es in der Vergangenheit, da die France Télécom auf
Wettbewerbsmärkten und in Marktnischen als schwerfällige Großorganisation
und Staatsverwaltung nicht oder nicht erfolgreich agieren konnte. So war es
ihr nicht erlaubt, als Staatsverwaltung im Ausland kommerzielle Aktivitäten
zu entfalten, ihr fehlte die Flexibilität auf die Nachfrage durch kurzfristige
Preisänderungen zu reagieren oder eine veränderte Distributionspolitik rasch
zu implementieren, sie konnte nicht schnell genug qualifiziertes Personal beschaffen und entsprechend der Konkurrenz auf dem Arbeitsmarkt bezahlen
und sie war sehr schwerfällig, wenn es darum ging, Verträge zu schließen
oder Beteiligungen einzugehen.[48]

---

48   Vgl. Longuet [1988], S. 164 ff.

Die Strategie der Tochtergesellschaften, ihre Führung und Kontrolle sowie ihre Einbindung in den Konzern France Télécom sind wiederholt kritisiert worden.[49] Aus der Kritik lassen sich für die Führung der France Télécom zwei wesentliche Aufgaben ableiten.

- Zwischen den Tochterunternehmen und der France Télécom sind transparente und eindeutige Regeln für die gemeinsame Inanspruchnahme von Ressourcen und deren Abgeltung (Verrechnungspreise) und hinsichtlich der Abgrenzung von Kompetenz, Verantwortung und Aufgabe erforderlich. Erst dann ist eine Bewertung der Ergebnisse der einzelnen Tochtergesellschaften möglich.

- Die Aktivitäten der Tochtergesellschaften sind in eine übergreifende Strategie für den Konzern France Télécom zu integrieren. Dabei ist die Gründung von Tochtergesellschaften oder die Kooperation mit anderen lediglich Mittel zum Zweck. Demzufolge sind solche Tochtergesellschaften rechtlich aufzulösen und organisatorisch zu integrieren, die durch die neue Rechtsform der France Télécom ihren Zweck verlieren.

2.4 Personal

In der Fernmeldeverwaltung waren Ende 1989 156 Tsd. Personen beschäftigt.[50] Die Beschäftigten der France Télécom setzen sich aus der großen Gruppe der Beamten (97%) und den kleinen Gruppen der Angestellten (1%) und Aushilfskräfte (2%) zusammen.[51] Die France Télécom konnte bislang nicht selbst darüber entscheiden, ob sie Beamte oder Angestellte einstellen will. Nur in Ausnahmesituationen war es ihr erlaubt, von dem Prinzip abzuweichen, daß eine Staatsverwaltung mit Beamten zu besetzen ist. Das war ihr dann möglich, wenn sie durch das übliche Einstellungsverfahren keine geeigneten Bewerber gewinnen konnte. Erst dann durfte sie Angestellte einstellen. Das geschah vor allem in den Bereichen Forschung und Entwicklung, Datenverarbeitung und Marketing. Ein weiterer Weg zur Gewinnung geeigneter Bewerber war der über die rechtliche Ausgliederung von Aktivitä-

---

49   Vgl. z.B. Sénat [1987], S. 102 ff. oder Prévot [1989], S. 150 f.

50   Vgl. France Télécom [1990]; in der zweiten Hälfte der achtziger Jahre hat France Télécom die Zahl der Beschäftigten geringfügig reduziert.

51   Vgl. DGT [1987b], S. 4.

ten in Tochtergesellschaften. Ende 1989 waren 9.389 Personen in den Tochtergesellschaften beschäftigt, das heißt die France Télécom beschäftigte
deutlich mehr Angestellte in den Tochtergesellschaften als in der Muttergesellschaft.

Die Beamten werden in die vier Kategorien A (12%), B (36%), C (50%) und
D (2%) eingeteilt.[52] Die A-Beamten bilden die oberste Kategorie. Die Angestellten üben hauptsächlich Tätigkeiten aus, die der Kategorie A zugeordnet
werden. In den letzten Jahren hat der Anteil der A-Beamten unter den Beschäftigten zugenommen.[53] Die France Télécom zahlt ihren Beschäftigten
zusätzlich zum Gehalt Zulagen, die zu einem geringen Teil leistungsabhängig
sind. Diese leistungsabhängigen Zulagen erhalten Führungskräfte und Mitarbeiter in der Forschung.

Obwohl die France Télécom den Beamtenstatus aus der Verwaltung in das
EPIC mitgenommen hat,[54] bedeutet das nicht automatisch, daß künftig weiterhin fast ausschließlich Beamte eingestellt oder gar die France Télécom
leiten werden. Zum einen bietet ein EPIC gegenüber einer Verwaltung mehr
Möglichkeiten zur Einstellung von Angestellten,[55] auch wenn in der Regel
weiterhin Beamte durch den Staatsconcours rekrutiert werden müssen. Zum
anderen wird die Leitung der France Télécom nicht umhin können, mittel-
oder langfristig den Forderungen ihrer Führungskräfte nach besserer Bezahlung nachzugeben, indem sie ihnen außertarifliche Angestelltenverträge anbieten wird. Darüber hinaus wird sie verstärkt leistungsabhängige Elemente
bei der Bezahlung der Beschäftigten einführen.

Ein weiteres personalwirtschaftliches Problem ergibt sich aus dem zunehmenden Wettbewerbsdruck im Telekommunikationssektor und der Altersstruktur der France Télécom. Das Durchschnittsalter aller Beschäftigten der
France Télécom betrug in 1986 39 Jahre und knapp 2/3 der Beschäftigten

---

52 Vgl. ebenda.

53 So dürfte die oben angegebene Quote von 12%, die für 1986 galt, nach den im
   Geschäftsbericht 1989 enthaltenen Informationen um einen oder gar zwei
   Prozentpunkte zu korrigieren sein (Vgl. France Télécom [1989], S. 8.).

54 Vgl. loi n° 90-568 du 2.7.1990, Art. 29.

55 Vgl. ebenda, Art. 31.

waren unter 40 Jahre alt. Fast 40% der Beschäftigten waren weniger als
zehn Jahre bei der France Télécom.[56] Damit weist France Télécom eine
Personalstruktur auf, die stark durch Abwanderung bedroht ist, wenn gilt,
daß jüngere Beschäftigte mobiler sind als ältere. Bei der Einführung von
Wettbewerb werden die Wettbewerber das leistungsfähigste Personal aus der
France Télécom herauszukaufen versuchen. Damit wird die France Télécom
dann letztendlich gezwungen, Marktpreise zu zahlen. Obwohl keine Basisda-
ten aus Frankreich vorliegen, kann grundsätzlich aus den Erfahrungen aus
Großbritannien und der Bundesrepublik Deutschland geschlossen werden, daß
damit künftig die höherqualifizierten Kräfte relativ besser und die minder-
qualifizierten Kräfte relativ schlechter bezahlt werden müssen.

2.5 Finanzverfassung

Die France Télécom hatte in den zurückliegenden zwei Jahrzehnten mit
zwei wesentlichen finanzwirtschaftlichen Problemen zu kämpfen. Zunächst
war das in den siebziger Jahren die Finanzierung der enormen Investitionen
zum raschen Aufbau einer im internationalen Maßstab akzeptablen Telekommunikationsinfrastruktur in Frankreich. Da die Investitionen nur teilweise aus
dem Cash flow finanziert werden konnten, nahm die Verschuldung der
France Télécom zu. In der Spitzenzeit konnte durch eine direkte Kredit-
aufnahme nicht genügend Fremdkapital beschafft werden. Deshalb wurden
spezielle Finanzierungsinstitute gegründet, die die Investitionen entweder
über Anleihen finanzierten oder als Leasinggesellschaften die Aktiva der
France Télécom zur Verfügung stellten. Damit verbunden waren enorme finanzielle Belastungen zur Verzinsung des eingesetzten Fremdkapitals. Doch
seit Beginn der achtziger Jahre, als 1983 noch rund 30% des Umsatzes für
die Verzinsung des Fremdkapitals aufgewendet werden mußte, steigt der
Grad der Selbstfinanzierung. Im Jahr 1989 überschritt er sogar die 100%-
Grenze. Damit sank der Anteil am Umsatz, der für die Verzinsung des
Fremdkapitals ausgegeben wird auf zuletzt 12% in 1989.[57] Als nun aber die
Investitionen zu Beginn der achtziger Jahre begannen Früchte zu tragen, das
heißt der Return on investment in Form von Gewinnen erfolgte, konnte die
Regierung der Versuchung nicht widerstehen, die Gewinne zum Teil zur

---

56   Vgl. DGT [1987b], S. 4 ff.

Deckung des Staatsbudgetdefizits und für die Finanzierung ihrer Industriepolitik zu nutzen. Das hatte zur Folge, daß die France Télécom ihre enormen Schulden nicht oder nur langsam tilgen und ihre im Vergleich zu den Kosten hohen Tarife nicht absenken konnte. Während Mitte der achtziger Jahre der Anteil des Umsatzes, der zur Verzinsung des Fremdkapitals aufgewendet werden mußte, auf 20% gesunken war, erreichte die Belastung der France Télécom durch Ablieferungen und Subventionen ebenfalls 20%.[58] Damit standen nur noch 60% zur Finanzierung der Abschreibungen und des Betriebs sowie zur Verzinsung des Eigenkapitals zur Verfügung.

Die Tatsache, daß die France Télécom trotz dieser Belastung und gleichzeitig bei im internationalen Vergleich eher niedrigen Tarifen[59] im Durchschnitt einen angemessenen Gewinn zur Verzinsung des eingesetzten Eigenkapitals erzielte, beruht im wesentlichen auf ihrer hohen Effizienz im Vergleich mit anderen Fernmeldeunternehmen. Diese Unterschiede zeigen sich insbesondere in einem Vergleich zwischen der France Télécom und der DBP Telekom, der ausweist, daß die France Télécom eine höhere Produktivität der Beschäftigten bei einem geringeren Kapitaleinsatz aufweist.[60]

---

57 Vgl. France Télécom [1990], Rapport financier, S. 18 und Pospischil [1988], S. 14ff.

58 Vgl. Pospischil [1988], S. 14ff.

59 So weist zum Beispiel eine Untersuchung des OFTEL, der britischen Regulierungsinstitution für die Telekommunikation, aus, daß die France Télécom im Vergleich mit British Telecom, DBP Telekom und der italienischen SIP der günstigste Anbieter des Fernsprechdienstes ist. Dies gilt sowohl für eine einfache Umrechnung der Tarife mit den Wechselkursen als auch bei einer Berücksichtigung der Kaufkraftparitäten. (Vgl. OECD [1990b], S. 33)

60 So arbeitet bei der France Télécom im Durchschnitt ein Beschäftigter für 152 Fernsprechanschlüsse und bei der DBP Telekom einer für 126. Zugleich investierte die France Télécom über zehn Jahre im Durchschnitt deutlich weniger als die DBP Telekom je Einwohner. (Vgl. OECD [1990b], S. 152ff.) Beide Indikatoren geben eine realistische Grundlage für eine solche Aussage. Genauere Indikatoren sind der Öffentlichkeit nicht zugänglich. Die Fernsprechanschlüsse je Beschäftigtem geben einen guten Indikator für die Arbeitsproduktivität im Telefondienst, der die beiden Unternehmen dominiert. Den Kapitaleinsatz an den Investitionen je Einwohner über zehn Jahre zu messen, wäre dann nicht korrekt, wenn die Zahl der Fernsprechanschlüsse je Einwohner differieren würde; das ist jedoch hier nicht der Fall, da Frankreich und die Bundesrepublik Deutschland einen fast identischen Versorgungsgrad aufweisen.

Der Griff in die Kasse der France Télécom war für die Regierung nicht besonders schwer, da für die France Télécom kein eigenes Budget bestand, sondern ihr Budget einen Sonderhaushalt darstellte, der mit dem Staatshaushalt gemeinsam verabschiedet wurde.

Ab 1991 verfügt die France Télécom über einen eigenen Haushalt. Doch sie ist nicht frei, das zu tun oder zu lassen, was sie unter Beachtung der ihr gesetzten Sachziele für richtig hält. In einem über mehrere Jahre laufenden Vertrag, der zwischen dem Staat und der France Télécom abzuschließen ist, werden die Eckdaten für die Wirtschaftspläne festgelegt. Insbesondere werden darin Festlegungen über die

- Tarife,

- Investitionen,

- finanziellen Lasten und

- Gewinnverwendung

getroffen.[61] Unabhängig davon, wer bei der Aushandlung des Vertrags die dominante Position besitzt, ist ein einmal geschlossener und mittelfristig gültiger Vertrag für die France Télécom eine Verbesserung gegenüber der Vergangenheit. Bislang konnte die Regierung ad hoc finanzielle Forderungen gegenüber der France Télécom durchsetzen oder einmal gegebene Zusagen bezüglich der finanziellen Rahmenbedingungen zurücknehmen oder widerrufen.

Bis Ende 1993 unterliegt die France Télécom allerdings einem für sie speziell geschaffenen Verfahren zur Bestimmung der Steuern, Abgaben und Ablieferungen an den Staat. Neben der Umsatzsteuer, der ihre Umsätze bereits seit dem 1.11.1987 unterworfen sind, hat sie jährlich an den Staatshaushalt eine Ablieferung zu entrichten. Die Ablieferung umfaßt den Betrag, der sich bei der Aktualisierung des für 1989 geltenden Werts von 13,7 Mrd. Francs

---

61   Vgl. loi n° 90-568 du 2.7.1990, Art. 9.

mit dem Index der Verbraucherpreise ergibt.[62] Damit tritt in etwa eine Stabilisierung der finanziellen Belastung ein, die die France Télécom ab 1986
zu tragen hat. Diese Last betrug im Durchschnitt 27% des Bruttoumsatzes.
Die folgende Tabelle zeigt die Entwicklung auf. Aus ihr wird ersichtlich,
daß mit der Einführung der Mehrwertsteuer nur scheinbar eine Entlastung
für die France Télécom eingetreten ist. Zwar wurden die Subventionen und
Ablieferungen ab diesem Zeitpunkt gekürzt, doch nur in dem Ausmaß, in
dem auch zusätzlich Mehrwertsteuer für den Staatshaushalt anfiel. Eine Besonderheit stellt die Tatsache dar, daß die France Télécom nur schrittweise
in den Genuß des Vorsteuerabzugs kam.

Für die France Télécom wird sich dennoch mittelfristig eine Entlastung ergeben. Das hat drei Gründe. Erstens kann sie ab 1991 den vollen Vorsteuerabzug geltend machen. Zweitens wächst ihr Umsatz mit großer Wahrschein-
lichkeit mit einer höheren Wachstumsrate als der Ablieferungsbetrag, der
mit dem Verbraucherpreisindex aktualisiert wird. Drittens soll ab 1994 der
Ablieferungsbetrag durch eine den Grundsätzen der regulären Unternehmens-
besteuerung entsprechende Regelung abgelöst werden, die dann im wesentlichen auf das Betriebsergebnis ausgerichtet sein wird.

Damit wäre dann eine normale, das heißt eine für Kapitalgesellschaften geltende Situation hinsichtlich der Besteuerung gegeben. Darüber hinaus wäre
dann zu regeln, wie sich der Staat als Eigentümer der France Télécom seinen Kapitaleinsatz, also den Einsatz des Eigenkapitals der France Télécom,
abgelten lassen wird. Doch auch hier gilt zunächst der Grundsatz, daß die
Ausschüttung an den Eigentümer erfolgsabhängig zu gestalten ist.

---

62 Vgl. ebenda, Art. 19.

Tabelle C.2.5: Finanzielle Belastung der France Télécom

	1982	1983	1984	1985	1986	1987	1988	1989	1990	1991 (f)
Umsatz inkl. Mehrwertsteuer (18,6%)						98,5	104,5	112,8		130
Umsatz exkl. Mehrwertsteuer (a)	55	62	73,1	85	91,9	95,5	88,1	95,1		110
Mehrwertsteuer–Zahllast	4	4,5	5	5	5,5	9	19	19,7		20
– Mehrwertsteuer auf Umsatz						3	16,4	17,7		20
– Mehrwertsteuer auf Input (b)	4	4,5	5	5	5,5	6	2,6	2		0
Subventionen und Ablieferungen	2,8	2	5,4	15,4	19,6	16,2	9,4	12,1		15
– Staatshaushalt	2,8	2	2	2,2	6,2	8,4	1,5	4,4		
– Post	0	0	0	3,5	4,3	0	0	0		
– Industrie und staatliche Programme	0	0	3,4	9,7	9,1	7,8	7,9	7,7		
Gesamtbelastung										
– absolut	6,8	6,5	10,4	20,4	25,1	25,2	28,4	31,8		35
– relativ (c)	12%	10%	14%	24%	27%	26%	27%	28%		27%
Jahresüberschuß										
– absolut (d)	2	–0,5	6,5	11,7	7,1	9,3	1,8	4,6		
– relativ (e)	4%	–1%	9%	14%	8%	9%	2%	4%		

Quellen: DGT / France Télécom [1985 – 1990], Rapport financier; Longuet [1988], S. 187; Sénat [1987], S. 85

(a) Die Zahlen für 1982 und 1983 wurden aus einer Grafik abgeschätzt.
(b) Die Werte der von 1982 bis 1987 auf bezogene Waren gezahlten Mehrwertsteuer, die nicht als Vorsteuer geltend gemacht werden konnte, wurden auf der Basis des ausgewiesenen Beschaffungsvolumens ermittelt.
(c) Für einen Zeitreihenvergleich ist es erforderlich, die Gesamtbelastung bis einschließlich 1986 auf den Wert ohne und ab 1987 auf den Wert einschließlich Mehrwertsteuer zu beziehen. Bis zur Einführung der Mehrwertsteuer gab es nur einen Preis. Nun gibt es einen Preis inklusive Mehrwertsteuer, der vom Wert her dem alten Preis (ohne Mehrwertsteuer) entspricht. Mit der Einführung der Mehrwertsteuer war also keine Preiserhöhung verbunden.
(d) Die Zahlen für 1982 und 1983 wurden aus einer Grafik abgeschätzt.
(e) Für den Zeitreihenvergleich wird der Jahresüberschuß bis einschließlich 1986 auf den Umsatz ohne und ab 1987 auf den Wert einschließlich Mehrwertsteuer bezogen.
(f) Der Umsatz für 1991 ist geschätzt. Die Gesamtbelastung für 1991 ergibt sich aus einer Aktualisierung des vorgegebenen Werts von 13,7 Mrd. Francs um jährlich 5% von 1989 nach 1991.

D. REGULIERUNGSRAHMEN

Im ersten Kapitel wurde aufgezeigt, wie eine Regulierungspolitik allgemein in einer Volkswirtschaft und speziell im Telekommunikationssektor zu begründen ist. In diesem Kapitel wird nun dargelegt und analysiert, wie in Frankreich die drei Instrumente der Regulierungspolitik, nämlich

-   die Kontrolle (oder Regulierung) des Marktzutritts,

-   die Kontrolle der Produktion (Auflagen für Anbieter) und

-   die Wettbewerbskontrolle,

eingesetzt werden und sich zu einem Rahmen zusammenfügen.

Zunächst wird behandelt, wie der Marktzutritt kontrolliert oder reguliert wird. Dabei gilt gleichermaßen dem Marktzutritt der France Télécom, die bislang über erhebliche Ausschließlichkeitsrechte verfügte, und dem Marktzutritt von potentiellen Wettbewerbern der France Télécom das Interesse.

Dann wird untersucht, was die Anbieter, die einen Zutritt zum Telekommunikationsmarkt erhalten haben, an Auflagen zu erfüllen haben. Die Erlaubnis zum Marktzutritt oder eine Monopolstellung in regulierten Märkten wird in der Regel mit Bedingungen verknüpft. Hier gilt das Interesse insbesondere der France Télécom, da sie nicht nur so gut wie auf allen Märkten über einen Marktzutritt verfügt, sondern darüber hinaus noch erhebliche Monopolrechte besitzt.

Schließlich wird dargelegt und analysiert, wie die Instrumente der Wettbewerbskontrolle, die zur Förderung des Wettbewerbs und zum Schutz der Nachfrager vor Anbietern mit Marktmacht dienen sollen, im französischen Telekommunikationssektor eingesetzt werden können. Hier gilt es ebenfalls ein besonderes Augenmerk auf die France Télécom zu richten, da sie sowohl gegenüber ihren Wettbewerbern als auch gegenüber den Konsumenten als ein Anbieter mit erheblicher Marktmacht auftritt.

1. Regulierung des Marktzutritts

1.1 Übertragungswege

1.1.1 Im Monopol

Das Gesetz über die Regulierung der Telekommunikation verleiht der France Télécom im neugeschaffenen Artikel L 33-1 des Code des Postes et Télécommunications das Recht, öffentliche Netze zu errichten und zu betreiben.[1] Für Netze, die nicht Funknetze (Mobilfunk oder Satellitenfunk) sind, wird der France Télécom durch den Gesetzgeber ein Ausschließlichkeitsrecht (Monopol) eingeräumt. Damit unterscheidet sich das neue vom alten Gesetz erheblich, das nicht einer bestimmten Institution das Netzmonopol übertrug, sondern dem zuständigen Minister das ausschließliche Recht gab, Netze und Dienste zuzulassen. Die Zuweisung eines Ausschließlichkeitsrechts an die France Télécom bedeutet eine Veränderung der bereits im Jahr 1837 begründeten formalrechtlichen Stellung des für die Telekommunikation zuständigen Ministers und seiner daraus abgeleiteten inhaltlichen Gestaltungsmöglichkeiten.[2] Nach der neuen Rechtslage kann er die France Télécom in ihrem Monopolbereich keinem Wettbewerb aussetzen. Nach dem alten Gesetz hätte er das durch eine diskretionäre Entscheidung vermocht. Nunmehr kann nur die Legislative durch einen Gesetzesakt dieses Monopol der France Télécom aufheben.

Der zuvor undifferenziert gebrauchte Begriff 'öffentliche Netze' ('réseaux de télécommunications ouverts au public') bedarf der Erläuterung auf der Basis der im Gesetz enthaltenen Definition.[3] Danach wird unter einem Netz im Kern ein Netz von Übertragungswegen verstanden, das als Basis für Telekommunikationsdienste fungiert. Unter einem öffentlichen Netz ist ein Netz zu verstehen, das nicht nur vom Betreiber oder Eigentümer benutzt werden darf, sondern von einem Dritten. Im Gegensatz zu einem öffentlichen Netz

---

1   Vgl. loi n° 90-1170 du 29.12.1990.

2   Vgl. Libois [1983], S. 188 ff.

3   Im Wortlaut: "On entend par réseau de télécommunications toute installation ou tout ensemble d'installations assurant soit la transmission, soit la transmission et l'acheminement de signaux de télécommunications, ainsi que l'échange des informations de commande et de gestion qui y est associé, entre les points de terminaison de ce réseau." (Code des P. et T., Art. L 32-1°) Hier ist relevant, daß neben der Transportfunktion ('transmission') auch die Vermittlungsfunktion ('acheminement') enthalten sein kann, aber eben nicht sein muß.

werden interne oder unabhängige Netze nur von einer natürlichen oder juristischen Person errichtet und genutzt oder nur von einer geschlossenen Gruppe von Nutzern für ihre Kommunikation untereinander genutzt.[4]

Verbunden mit der Gewährung dieses Ausschließlichkeitsrechts zum Errichten und Betreiben öffentlicher Netze an die France Télécom sind Auflagen zur öffentlichen Daseinsvorsorge ('service public'), die in dem Gesetz über die Regulierung der Telekommunikation nicht weiter ausgeführt werden. Die Rahmenbedingungen dafür werden durch das Gesetz über die Organisation des öffentlichen Post- und Fernmeldewesens und das Pflichtenheft für die France Télécom festgelegt.

1.1.2. Durch Lizenzierung

Die Möglichkeit für einen Konkurrenten der France Télécom, ein öffentliches Netz für Zwecke der Individualkommunikation durch den für die Telekommunikation zuständigen Minister genehmigt zu bekommen, beschränkt sich auf die beiden Bereiche Mobilfunk und Satellitenfunk. Für den Bereich der Verteilkommunikation, die Verbreitung von Radio- und Fernsehprogrammen über den Rundfunk, benötigen sowohl die France Télécom als auch andere eine Lizenz für das Errichten von Verteilnetzen. Im einzelnen gelten folgende Regelungen:

(a) Mobilfunk

Wenn der für Telekommunikation zuständige Minister einen Mobilfunkdienst lizenziert, dann ist zwischen Übertragungswegen zu unterscheiden, die zwischen den ortsfesten Einrichtungen des Mobilfunkdienstbetreibers benötigt werden, und den Übertragungswegen mittels Frequenznutzung, die zur Kommunikation zwischen den ortsfesten Einrichtungen und den mobilen Einrichtungen erforderlich sind.[5] Für die Übertragungswege zwischen den ortsfesten Einrichtungen gilt, daß sie unter das Monopol der France Télécom fallen. Das bedeutet, daß der Mobilfunkanbieter zum Betrieb seines Netzes auf

---

4   Vgl. Code des P. et T., Art. L 32-4°. Siehe dazu auch die Ausführungen unter D.1.1.3 zu den unabhängigen Netzen.

Übertragungswege der France Télécom angewiesen ist. Die Frequenzen für die Realisierung der Übertragungswege zwischen den ortsfesten und den mobilen Einrichtungen werden dem Lizenznehmer im Rahmen der Lizenzierung des Mobilfunks zugewiesen.[6] Auch die France Télécom kann nicht ohne die Zuweisung von Frequenzen durch den für die Telekommunikation zuständigen Minister einen Mobilfunkdienst anbieten.[7]

(b) Satellitenfunk

Während beim Mobilfunk der Dienst bei der Lizenzierung im Vordergrund steht, gilt das für den Satellitenfunk nicht. Hier handelt es sich um eine Ausnahme vom Netzmonopol der France Télécom. Deshalb ist die Lizenzerteilung durch den für die Telekommunikation zuständigen Minister an erhebliche Voraussetzungen geknüpft. So muß dadurch zum einen eine Nachfrage abgedeckt werden, für die ein allgemeines Interesse besteht ("répond à un besoin d'intérêt général").[8] Zum anderen darf dadurch nicht der an die France Télécom übertragene öffentliche Auftrag gefährdet werden, insbesondere Auflagen zur Tarifierung und hinsichtlich der von der France Télécom zu versorgenden Fläche.[9] Weiterhin unterliegt der Lizenznehmer Beschränkungen hinsichtlich der Beteiligung ausländischer Personen oder Unternehmen.[10]

(c) Rundfunk

Die Errichtung und der Betrieb von dienstespezifischen Übertragungswegen zur Verbreitung von Radio- oder Fernsehprogrammen über Funkwellen sind weder exklusiv der France Télécom vorbehalten, noch verfügt hier der für die Telekommunikation zuständige Minister über das alleinige Genehmigungsrecht. Die Genehmigung zur Verbreitung von Radio- oder Fernsehprogram-

---

5   Siehe Schaubild B.2.6-1.

6   Vgl. Code des P. et T., Art. L 33-1.

7   Vgl. décret n° 90-1213 du 29.12.1990, Cahier des charges, Art. 5.

8   Code des P. et T., Art. L 33-1.

9   Vgl. ebenda.

men über Funkwellen obliegt dem CSA[11]. Er kann eine Lizenz der France Télécom oder einem anderen Unternehmen erteilen. Die Kompetenz des CSA beschränkt sich hier auf Rechte, die aus seiner Frequenzverwaltungskompetenz für die den Radio- und Fernsehprogrammen zugeteilten Frequenzbereiche resultieren. Die Übertragungswege, über die die Informationen zu den Sendern transportiert werden, werden durch das Monopol der France Télécom erfaßt.

Die Genehmigung zur Errichtung von Kabelnetzen zur Verbreitung von Radio- und Fernsehprogrammen obliegt der Gemeinde, die durch das Verteilnetz versorgt wird.[12] Zusätzlich zur Errichtung des Verteilnetzes sind seine technischen Spezifikationen festzulegen und sein Betreiber zu lizenzieren. Die technischen Spezifikationen sind durch einen gemeinsamen Erlaß der betroffenen Minister festzulegen.[13] Das Gesetz legt zudem fest, daß der CSA vor Verabschiedung des Erlasses eine Stellungnahme zu dem Entwurf abgibt, die berücksichtigt werden soll. Für die Übertragungswege, die die Informationen zu den Kopfstationen der Kabelnetze transportieren, gilt ebenso das Ausschließlichkeitsrecht der France Télécom wie für den Transport zu den Sendern.

In den bisherigen Ausführungen zur Regulierung des Marktzutritts im Bereich der Übertragungswege wurde deutlich, daß es neben der France Télécom allenfalls im Bereich des Satellitenfunks Anbieter von Übertragungswegen geben kann. Das Recht, Übertragungswege für Zwecke des Mobilfunks oder des Rundfunks zu errichten und zu betreiben, ist kein Eintritt in den Markt für Übertragungswege, sondern in den Dienstemarkt Mobilfunk oder Rundfunk. Natürlich könnte ein Monopolist auch noch diese Übertragungswege exklusiv bereitstellen, wenn er den gesamten Bereich der Individual- und Verteilkommunikation abdecken wollte. Doch die hier aus dem Monopol genommenen Übertragungswege für den Mobilfunk und den Rundfunk sind mit Ausnah-

---

10   Unter Punkt D.1.2.5. sind Voraussetzungen, die für den Mobil- und den Satellitenfunk gleichermaßen gelten, ausführlicher dargestellt.

11   Vgl. loi n° 86-1067 du 30.09.1986 modifiée, Art. 25 und 31.

12   Vgl. ebenda, Art. 34.

13   Auf jeden Fall sind das die für die Telekommunikation und die für die Kommunikation zuständigen Minister.

me der Kabelnetze in einem so hohen Ausmaß dienstespezifisch, daß die Bereitstellung von Übertragungsweg und Dienst durch einen Anbieter erheblich mehr (Verbund-)Vorteile bringt als die gemeinsame Bereitstellung aller Übertragungswege durch einen Anbieter. Daraus resultiert, daß die Einführung von Wettbewerb in den beiden Dienstebereichen Mobil- und Rundfunk zwangsläufig zur Erlaubnis führt, die erforderlichen Funk-Übertragungswege selbst zu errichten und zu betreiben, aber nicht an Dritte zu vermieten.

Diese dienstespezifische und damit sehr enge Öffnung ist für Übertragungswege über Funk offensichtlich rational. Das gilt nicht für Übertragungswege, die auf Kabeln realisiert werden. Zum einen bringt schon heute eine gemeinsame Errichtung der Individual- und Verteilnetze erhebliche Verbundvorteile, das heißt Kosteneinsparungen, mit sich. Die Verbundvorteile entstehen heute vor allem beim gemeinsamen Verlegen der Kabel. Zum anderen wird in absehbarer Zukunft mit dem Einsatz der Glasfaser im Teilnehmeranschlußbereich auch ein gemeinsamer Betrieb realisert werden. Damit können die Verbundvorteile erheblich verstärkt werden.[14]

1.1.3 Mit und ohne Genehmigung

In den beiden vorangegangenen Punkten wurde deutlich, daß fast ausschließlich die France Télécom Übertragungswege für Zwecke der Individualkommunikation errichten, betreiben und Dritten zur Nutzung anbieten darf. Der nachfolgend dargestellte Zutritt zum Markt für Übertragungswege stellt einen Sonderfall dar, da er sich nur auf die Errichtung und den Betrieb von Übertragungswegen für interne und unabhängige Netze bezieht. Diese dürfen Dritten nicht zur Nutzung angeboten oder über sie dürfen keine Dienste für Dritte hergestellt werden.

Im Gegensatz zu den beiden vorangegangenen Punkten, die vom Marktzutritt über Ausschließlichkeitsrechte und Lizenzen handelten, wird in diesem Punkt von Genehmigungen die Rede sein. Genehmigungen unterscheiden sich von Lizenzen dadurch, daß mit ihrer Erteilung keine individuellen Auflagen ver

---

14   Vgl. Tenzer [1990].

bunden sind, die in Frankreich in sogenannten Pflichtenheften niedergelegt werden.

Ohne eine Genehmigung dürfen interne Netze errichtet oder betrieben werden. Als interne Netze gelten Netze, deren Übertragungswege auf dem Grundstück eines Eigentümers verlegt sind und weder Funkfrequenzen benutzen noch fremden Grund überschreiten.[15] Darunter fallen zum Beispiel private Netze auf einem Fabrikgelände oder auf dem Betriebsgelände der Bahn. Das Recht zur Errichtung und für den Betrieb von selbstgenutzten Übertragungswegen auf dem eigenen Gundstück korrespondiert mit dem Recht des Staates, für die Zwecke der inneren Sicherheit und der Landesverteidigung eigene Netze zu unterhalten. Auch hier wird eine Nutzung durch Dritte ausgeschlossen.

Weiterhin dürfen ohne Genehmigung unabhängige Netze errichtet und betrieben werden, sofern sie nicht über Funk funktionieren und sie die beiden nachfolgend genannten Bedingungen erfüllen. Unter einem unabhängigen Netz wird entweder ein Netz einer einzelnen natürlichen oder juristischen Person verstanden oder das Netz einer geschlossenen Benutzergruppe.[16] Für ein genehmigungsfreies unabhängiges Netz darf erstens die Entfernung zwischen den Enden der Übertragungswege nicht mehr als 300 Meter betragen. Zweitens darf der Verkehr, der über diese Übertragungswege abgewickelt werden kann, eine vom für die Telekommunikation zuständigen Minister per Erlaß festzulegende Kapazität nicht überschreiten.[17] Wenn eine der beiden Voraussetzungen nicht eingehalten wird, dann ist eine Genehmigung für ein unabhängiges Netz durch den für die Telekommunikation zuständigen Minister erforderlich.

Schließlich gilt für die unabhängigen Netze, die Funknetze sind, daß sie dann ohne Genehmigung betrieben werden dürfen, wenn sie durch die Leistung der verwendeten Sender nur eine geringe Reichweite aufweisen. Die Bedingungen für einen genehmigungsfreien Betrieb werden durch einen ge-

---

15   Vgl. Code des P. et T., Art. L 33-3. Dabei spielt es keine Rolle, ob der überquerte Grund im Eigentum der öffentlichen Hand oder Privater ist.

16   Vgl. ebenda, Art. L 32-4.

meinsamen Erlaß der Minister für Verteidigung, Inneres und Telekommunikation festgelegt.[18]

Grundsätzlich gilt für die internen und die unabhängigen Netze, daß sie nicht an das öffentliche Netz angeschlossen werden dürfen. Der für die Telekommunikation zuständige Minister legt in einem Erlaß allerdings fest, unter welchen Bedingungen ausnahmsweise ein unabhängiges Netz an das öffentliche Netz angeschlossen werden darf.[19]

Sofern die France Télécom unabhängige Netze errichten will, die nach den oben beschriebenen Voraussetzungen zu genehmigen sind, muß auch sie eine solche Genehmigung einholen.[20] Eine solche Genehmigung wird allerdings wohl nur äußerst selten erforderlich sein, da die France Télécom ja über das ausschließliche Recht verfügt, öffentliche Netze zu errichten und zu betreiben, und deshalb nur in Sonderfällen unabhängige Netze betreiben wird.

1.2 Dienste

1.2.1. Transportdienste

Die gesetzliche Definition der Transportdienste ('service-support') deckt sich im wesentlichen mit der Abgrenzung des Geschäftsfeldes Transportdienste in Kapitel B. Der französische Gesetzgeber definiert allerdings die zu transportierende Information als 'Daten' und schließt damit aus, daß Sprache durch Transportdienste übermittelt werden darf.[21] Des weiteren wird für eine Übergangszeit, die am 31. 12. 1992 endet, ausgeschlossen, daß Transportdienste lediglich darin bestehen, von der France Télécom angemietete Übertragungswege weiterzuverkaufen.[22]

---

17   Vgl. ebenda, Art. L 33-3.

18   Vgl. ebenda.

19   Vgl. ebenda, Art. L 33-2.

20   Vgl. décret n° 90-1213 du 29.12.1990, Cahier des charges, Art. 5.

21   Vgl. Code des P. et T., Art. L 32-9°.

22   Vgl. loi n° 90-1170 du 29.12.1990, Art. 22.

Die France Télécom hat das Recht, alle denkbaren Transportdienste unter
den Konditionen, die ihr Pflichtenheft festlegt, anzubieten. Wer neben der
France Télécom einen Transportdienst anbieten will, darf das nur, wenn er
dafür eine Lizenz des für die Telekommunikation zuständigen Ministers erhält. Dabei gilt eine solche Zulassung nicht generell für die Bereitstellung
von Transportdiensten, sondern für das Angebot eines bestimmten Transportdienstes, für den der Anbieter die Lizenz erhalten hat.

Der für die Telekommunikation zuständige Minister kann[23] einen Transportdienst dann zulassen, wenn dadurch der an die France Télécom übertragene
öffentliche Auftrag und die daraus folgenden Randbedingungen nicht gefährdet werden, insbesondere Auflagen zur Tarifierung und zur geographischen
Ausbreitung der Dienste. Der zugelassene Anbieter eines Transportdienstes
hat eine Reihe von Auflagen zu erfüllen, die für ihn vom Minister in einem
Pflichtenheft festgelegt werden.

Der Zutritt zum Markt für Transportdienste ist durch diese Bestimmungen
zwar stark beschränkt, jedoch nicht so stark, wie der Zutritt zum Markt für
Übertragungswege per Satellit oder die Erlaubnis für lizenzierte Mobilfunkanbieter, Frequenzen zu nutzen. Durch diesen Vergleich zu den Voraussetzungen für einen Marktzutritt bei Übertragungswegen wird deutlich, daß die
Ausnahme vom Netzmonopol höhere Anspruchsvoraussetzungen erfordert als
die Zulassung von Wettbewerb im Bereich der Transportdienste. Hier ist die
später weiter zu verfolgende Tendenz zu erkennen, daß mit der schrittwei-
sen Entfernung vom Übertragungsweg in Richtung Mehrwertdienste nach
Auffassung des Gesetzgebers eine fortschreitende Intensivierung des Wettbewerbs stattfinden soll.

1.2.2. Fernsprechdienst

Ebenso wie für die Übertragungswege erhält die France Télécom durch die
Gesetzesreform des Jahres 1990 ein Ausschließlichkeitsrecht als Anbieter des

---

23 Im Gesetz selbst wird nicht klar, ob der Minister ein diskretionäres Recht ausübt
    oder ein Rechtsanspruch auf eine Genehmigung juristisch durchgesetzt werden
    kann. Die hier vorgenommene Auslegung stützt sich auf die Regulierungsgrund-

Fernsprechdienstes.[24] Das Monopol erfaßt jedoch nur den Fernsprechdienst zwischen ortsfesten Einrichtungen, das heißt der Funktelefondienst wird dadurch nicht abgedeckt.[25] Das Monopol der France Télécom im Fernsprechdienst reicht wie bei den Übertragungswegen bis zum Netzabschlußpunkt. Die Endgeräte zum Anschluß an das Netz können dagegen von einer Vielzahl von Anbietern bereitgestellt werden.[26] Die Einrichtung und der Betrieb von öffentlichen Sprechstellen bleibt allerdings ausschließlich der France Télécom vorbehalten.[27]

1.2.3. Rundfunk

Die Genehmigung von Rundfunkdiensten, also die Verbreitung von Radio- oder Fernsehprogrammen über Satellit, terrestrische Sender oder Kabelnetze wird anhand von Kriterien vorgenommen, die das Gesetz über die Freiheit der Kommunikation festlegt. Dabei werden im Gegensatz zur Regulierung des Marktzutritts bei Individualdiensten im wesentlichen die transportierten Informationen und die Programmanbieter als Kriterium herangezogen.[28] Der Marktzutritt wird also durch die Medienpolitik und nicht durch die hier relevante Telekommunikationspolitik bestimmt. Damit entfällt im Rahmen der vorliegenden Arbeit eine weitere Beschäftigung mit der Genehmigung von Rundfunkdiensten, da die Regelungen mit Telekommunikationsbezug bereits zuvor bei den Übertragungswegen behandelt wurden.[29]

1.2.4. Mehrwertdienste

Bei den Mehrwertdiensten wird zwischen den Diensten unterschieden, die auf vermittelten Diensten, und denen, die auf Übertragungswegen basieren. Für

---

sätze, die dem weiterhin gültigen Mehrwertdienstedekret zugrunde liegen. (Vgl. Pospischil [1988], S. 39ff.)

24   Das Gesetz definiert den Fernsprechdienst wie folgt: "On entend par service téléphonique l'exploitation commerciale du transfert direct de la voix en temps réel entre des utilisateurs raccordés aux points de terminaison d'un réseau de télécommunications." (Code des P. et T., Art. L 32-7°)

25   Vgl. Code des P. et T., Art. L 34-1.

26   Vgl. ebenda, Art. L 34-1 und L 34-9.

27   Vgl. ebenda, Art. L 34-1.

28   Vgl. loi n° 86-1067 du 30.9.1986 modifiée.

die erstgenannte Kategorie bestehen keine regulatorischen Marktzutrittsschranken. Mehrwertdienste, die auf Übertragungswegen basieren, müssen je nach ihrer Art und Größe entweder lediglich angemeldet oder zugelassen werden. Durch ein Dekret des Staatsrats ist im Detail der Marktzutritt zu regeln.[30] Mit der Verabschiedung der Änderungen des Code des P. et T. Ende 1990 wurde nicht zwangsläufig eine grundlegende Änderung der in dem sogenannten Mehrwertdienstedekret[31] im Jahr 1987 festgelegten Systematik erforderlich, da sie zu den neuen Regelungen im Code des P. et T. nicht im Widerspruch steht. Allerdings gilt nun für die France Télécom wie für die privaten Anbieter gleichermaßen, daß bestimmte Mehrwertdienste einer Genehmigung durch den für die Telekommunikation zuständigen Minister bedürfen. Bislang war diese Genehmigung nur für die privaten Anbieter obligatorisch.

Die Regulierung von Mehrwertdiensten, die auf Übertragungswegen basieren, kann durch fünf Eckpunkte beschrieben werden:[32]

a)   Es darf kein Fernsprechverkehr für Dritte über die Übertragungswege abgewickelt werden.

b)   Die Mehrwertdienste sind entweder anzumelden oder von dem für die Telekommunikation zuständigen Minister zuzulassen. Diese beiden Kategorien von Mehrwertdiensten - anzumeldende oder zuzulassende Dienste - werden durch eine Unterscheidung der Dienste nach Art und Größe gebildet. Die überwiegende Zahl der Dienste soll nur einer Anmeldung bedürfen.

c)   Für die Mehrwertdienste können vom für die Telekommunikation zuständigen Minister Normen vorgeschrieben werden. Bei der Entscheidung, welche Dienste einer Normierung unterworfen werden sollen, wird die Unterscheidung der Mehrwertdienste nach Art und Größe verwendet.

---

29   Siehe Punkt D.1.1.2.

30   Vgl. Code des P. et T., Art. L 34-5.

31   Vgl. décret n° 87-775 du 24.9.1987

32   Vgl. ebenda. Siehe auch: Pospischil [1989], S. 10 ff.

d)   Es sind nur Mehrwertdienste erlaubt, die mindestens einen bestimmten Mehrwert aufweisen, das heißt die an den Netzbetreiber für den Transport der Daten gezahlten Beträge dürfen höchstens einen bestimmten Anteil (derzeit 15%) des mit dem Mehrwertdienst erzielten Umsatzes betragen.

e)   Der Preis für Übertragungswege, die als Vorprodukt für Mehrwertdienste dienen, kann durch einen Aufschlag von bis zu 30% erhöht werden. Dieser Aufschlag soll das Rosinenpicken verhindern.

Zu b: Anmeldung oder Zulassung

Die regulatorische Unterscheidung der Mehrwertdienste nach Art und Größe wird wie folgt vorgenommen. Die Größe eines Mehrwertdienstes wird durch die Zahl der externen Anschlüsse mit ihren Kapazitäten bestimmt. Die Definition der Art eines Mehrwertdienstes geht von zwei Arten von Mehrwertdiensten aus: Spezialdiensten und Diensten, die keine Spezialdienste darstellen. Spezialdienste sind Dienste zur Automatisierung einer Funktion bei den Nutzern (z.B. ein Netz zwischen POS-Terminals und den Rechnern der Kreditinstitute) oder Dienste für eine geschlossene Gruppe von Nutzern gleicher oder sich ergänzender Berufe (z.B. die Vernetzung von Steuerberatern mit einem zentralen Diensteanbieter für die Abwicklung von standardisierten Aufgaben). Diese Definition ist nicht eindeutig und erzeugt deshalb eine gewisse Rechtsunsicherheit.[33]

Während Mehrwertdienste der Kategorie I lediglich angemeldet werden müssen (schwarze Fläche im Schaubild D.1.2.4-1), ist für solche der Kategorie II eine Zulassung erforderlich (weiße Fläche im Schaubild D.1.2.4-1). Unter die Kategorie II (zulassungspflichtig) fallen alle Mehrwertdienste, die keine Spezialdienste sind und die Größe N1 überschreiten. N1 kann minimal 3,5 MBit/s betragen. Gegenwärtig gilt für N1 der Minimalwert. Unter die Kategorie II fallen weiterhin solche Mehrwertdienste, die nur spezialisierte Dienste offerieren und die Größe N2 überschreiten. N2 kann minimal 5 MBit/s betragen. Gegenwärtig gilt für N2 der Minimalwert.

---

33   Ein historischer Rückblick auf die regulatorische Behandlung von Mehrwertdiensten zeigt, daß bislang keine eindeutige oder stabile Definition für Mehrwertdienste existiert. (Vgl. Punkt D.2.5)

Unter die Kategorie I (anmeldungspflichtig) fallen alle Mehrwertdienste, die nicht unter die Kategorie II fallen. N1 und N2 (N1 < N2) sollen fortlaufend angehoben werden, so daß einmal nur noch ganz wenige oder überhaupt keine Mehrwertdienste mehr der Zulassung bedürfen.

Schaubild D.1.2.4-1: Zulassung von Mehrwertdiensten

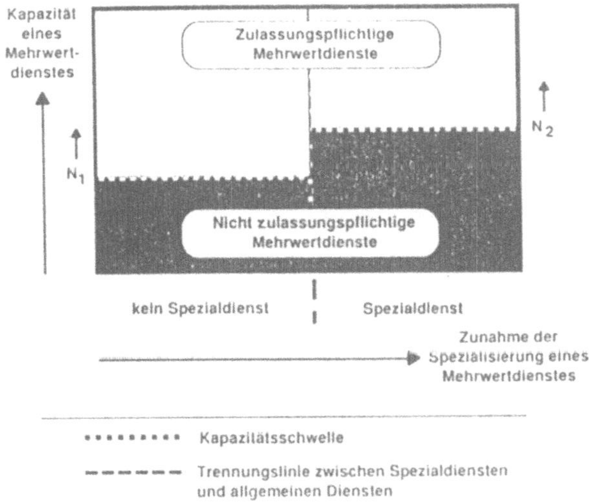

Aus: Pospischil [1989], S. 13.

Zu c: Normierung

Mehrwertdienste, die keine Spezialdienste (gleiche Abgrenzung wie zuvor) sind und eine Größe von N3 (maximal 3,5 MBit/s; es gilt gegenwärtig der Maximalwert) überschreiten, oder die Spezialdienste sind und eine Größe von N4 (maximal 5 MBit/s; es gilt gegenwärtig der Maximalwert) überschreiten, müssen zu ihrem Dienst einen Zugang mittels der vom für die Telekommunikation zuständigen Minister festgelegten technischen Spezifikation bieten (weiße Fläche im Schaubild D.1.2.4-2). Dieser Zugang muß hinsichtlich der Leistung und des Preises mindestens so behandelt werden wie der spezielle Zugang der Anbieter. Der für die Telekommunikation zuständige Minister kann dem Anbieter dieser Dienste auch auferlegen, nach einer gewissen Zeit nur noch einen Zugang nach den offiziellen technischen Spezifikationen anzubieten.[34] Die vom Minister festzulegenden technischen Spezifikationen basieren auf europäischen und internationalen Normen, Standards oder Empfehlungen. Es wird eine ausschließliche Anwendung der OSI-Normen angestrebt. Der Anbieter eines Mehrwertdienstes hat auf Anfrage die genauen technischen Spezifikationen für seinen Mehrwertdienst bekanntzugeben.

Die Werte von N3 und N4 (N3 < N4) sollen fortlaufend gesenkt werden, so daß mittel- bis langfristig nahezu alle Mehrwertdienste den festgelegten Normen entsprechen werden müssen.

Schaubild D.1.2.4-2: *Normierung von Mehrwertdiensten*

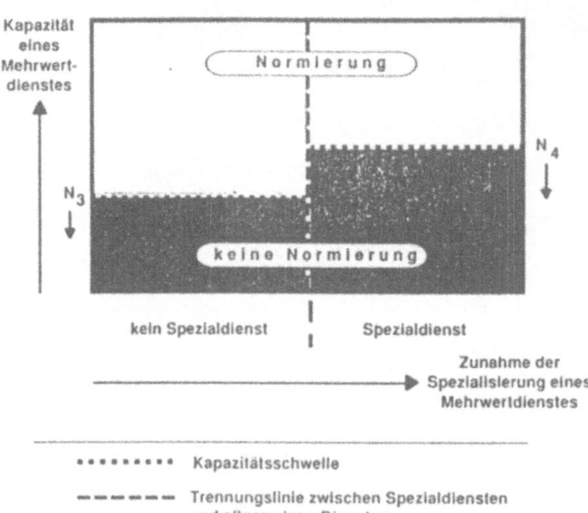

Aus: Pospischil [1989], S. 13.

Zu d: Mehrwert

Der maximale Anteil der Transportkosten, das sind die an die France Télécom zu entrichtenden Tarife, am Umsatz eines Mehrwertdienstes (derzeit höchstens 15%) soll fortlaufend angehoben werden. Damit werden dann auch Dienste mit einem geringen Mehrwert nicht mehr nur ausschließlich von der

---

34 Unter einem speziellen Zugang sind insbesondere herstellerspezifische Standards zu verstehen. Darunter fallen in erster Linie die von der IBM benutzten proprietären Standards.

France Télécom oder von lizenzierten Anbietern von Transportdiensten[35] angeboten werden können.

Der Vollständigkeit halber ist an dieser Stelle darauf hinzuweisen, daß der
Telexdienst eine regulatorische Sonderbehandlung erfährt. Für den klassischen
Textdienst, der seit Beginn der achtziger Jahre zunehmend durch Telefax
und Electronic Mail verdrängt, das heißt substituiert wird, hat die France
Télécom das ausschließliche Recht zum Angebot erhalten.[36]

1.2.5 Mobilfunkdienste

Unter Mobilfunkdiensten werden im wesentlichen der Funktelefondienst, der
Funkrufdienst und der Bündelfunk verstanden.[37] In allen drei Bereichen hat
die France Télécom in der zweiten Hälfte der achtziger Jahre ihre Ausschließlichkeitsrechte verloren.

So wurde 1987 ein Funkrufdienst in Konkurrenz zu der France Télécom zugelassen. Der Betreiber des Funkrufdienstes ist die Firma TDF (Télédiffusion
de France). Zu dem Zeitpunkt, als die TDF-Tochter Radio Service die Lizenz erhielt, war TDF eine staatlich kontrollierte Gesellschaft, aber getrennt von der France Télécom. Inzwischen, das heißt nach dem Regierungs-
wechsel in Folge der Präsidentschafts- und Parlamentswahlen in 1988, wird
TDF mehrheitlich durch die France Télécom kontrolliert.[38] Damit wurde die
Konkurrenz von zwei Staatsgesellschaften zu einer zwischen einer Staatsge-
sellschaft und ihrer Tochtergesellschaft.

Ebenfalls 1987 wurde ein Funktelefondienst in Konkurrenz zur France Télécom zugelassen. Ein von der Compagnie Générale des Eaux geführtes Kon-

---

35 Nach der Systematik des Code des P. et T. und des Mehrwertdienstedekrets ist
ein Mehrwertdienst, der einen zu geringen Mehrwert aufweist, das heißt dessen
Transportkomponente dominiert, automatisch als Transportdienst zu klassifizieren.

36 Vgl. Code des P. et T., Art. L 34-1.

37 Zur Abgrenzung der Mobilfunkdienste, insbesondere zur Einordnung des Tele-
point-Dienstes, siehe unter Punkt B.2.6.

sortium erhielt die Lizenz. An der Holding, die die Betreibergesellschaft SFR (Société Française du Radiotéléphone) führt, ist neben der dominanten Compagnie Générale des Eaux auch die TDF mit 8% beteiligt.[39] Die Lizenz des Wettbewerbers der France Télécom erlaubt das Angebot eines analogen Mobiltelefondienstes. Für eine Lizenz zum Angebot eines digitalen Mobiltelefondienstes, wie er in den meisten Ländern Westeuropas im Aufbau ist, hatte die SFR gewisse Vorrechte bereits in der Lizenz für den analogen Funktelefondienst eingeräumt bekommen.[40] Inzwischen hat die SFR wie auch die France Télécom eine Lizenz für den Betrieb eines digitalen zellularen Mobiltelefondienstes erhalten.

Im Herbst 1990 wurden nach einer ersten Ausschreibung (für die Bereiche Marseille, Nizza, Nantes und Quimper) Bündelfunklizenzen an sechs Gesellschaften vergeben, die nun in Konkurrenz zur France Télécom treten; weitere Bündelfunklizenzen sollen vergeben werden.[41]

Während der für die Telekommunikation zuständige Minister die zuvor beschriebenen Maßnahmen zur Einführung von Wettbewerb im Mobilfunk weitgehend diskretionär und ohne gesetzliche Beschränkungen durchführen konnte, da er sich auf eine Generalermächtigung[42] stützen konnte, sind durch den modifizierten Code des P. et T. dafür Kriterien vorgegeben. Jetzt sind im Gesetz folgende Voraussetzungen festgelegt:[43]

-   Der zuzulassende Dienst muß auf eine im allgemeinen Interesse ('intérêt général') liegende Nachfrage stoßen.

---

38   An TDF-Radio Service sind mit geringen Anteilen auch noch Bell South und Canal plus beteiligt. (Vgl. Pospischil [1988], S. 51 ff. und France Télécom [1990], Rapport financier 1989, S. 23)

39   Vgl. Cogecom [1990], S. 7.

40   Vgl. Ministère des P. et T. / MRG [1987].

41   Vgl. DRG [1990], Fiche d'information n° 5.

42   Der alte Artikel L 33 des Code des P. et T. lautete: "Aucune installation de télécommunications ne peut être établie ou employée à la transmission de correspondances que par le ministre des postes et télécommunications ou avec son autorisation. Les dispositions du présent article sont applicable à l'émission et à la réception des signaux radioélectriques de toute nature."

43   Vgl. Code des P. et T., Art. L 34-3 und L 33-1.

- Der zuzulassende Dienst darf nicht den an die France Télécom über-
tragenen öffentlichen Auftrag gefährden, insbesondere hinsichtlich ihrer
Preise und der von ihr zu versorgenden Fläche.

- Der zuzulassende Diensteanbieter darf höchstens eine Beteiligung von
20% von solchen Ausländern oder ausländischen Gesellschaften aufweisen, die nicht aus der Europäischen Gemeinschaft stammen oder mit
deren Staaten Frankreich keine entsprechende Reziprozitätsvereinbarung
getroffen hat.

Der zugelassene Diensteanbieter hat die in einem für ihn speziell ausformu-
lierten Pflichtenheft festgelegten Auflagen zu erfüllen.

1.3 Synopse zur Regulierung des Marktzutritts

In den beiden nachfolgenden Tabellen wird eine synoptische Übersicht zur Regulierung des Marktzutritts gegeben. In der ersten Tabelle D.1.3-1 wird die Regulierung im Geschäftsfeld Übertragungswege ausführlich aufgezeigt. Die differenzierte Betrachtung dieses Geschäftsfelds wird vorgenommen, um die interessanten Detailregulierungen dieses strategisch bedeutsamsten Geschäftsfelds sichtbar zu machen.

In der zweiten Tabelle D.1.3-2 wird ein Überblick zu allen Geschäftsfeldern gegeben. Dabei wurden die Geschäftsfelder dort, wo es erforderlich ist, nach regulatorischen Kriterien untergliedert. Nicht in der Übersicht enthalten sind die internen und unabhängigen Netze, da sie nur in einem sehr eingeschränkten Ausmaß einen Marktzutritt ermöglichen. Bei den Übertragungswegen für Zwecke der Individualkommunikation werden nur noch die terrestrischen und die satellitengestützten Übertragungswege berücksichtigt. Die Übertragungswege über Frequenzzuweisungen für Zwecke des Mobilfunks stellen unter Wettbewerbsgesichtspunkten keinen Marktzutritt zum Geschäftsfeld Übertragungswege dar, sondern sind mit der Lizenzierung eines Mobilfunkdienstes zwangsläufig verbunden. Die Tabelle stellt dar, in welchen Bereichen ein Wettbewerb zwischen der France Télécom und anderen Anbietern möglich ist.

Es fällt auf, daß die France Télécom in den Kernbereichen Übertragungswege und Fernsprechen über wesentliche Monopole verfügt. Bei den Übertragungswegen verfügt die France Télécom über ein Monopol für terrestrische Punkt-zu-Punkt-Verbindungen. Damit deckt sie fast vollständig die Netze für Individualkommunikation ab, die Vorprodukte für alle Dienste sind. Zusätzlich zu dem Monopol für das strategisch wichtigste Vorprodukt verfügt die France Télécom über das Monopol für das bei weitem umsatzstärkste Geschäftsfeld, den Telefondienst. Des weiteren fällt in der Übersicht auf, daß der Marktzutritt bis auf wenige Ausnahmen nur über eine Lizenzerteilung möglich ist. Eine Lizenzerteilung ist in den Bereichen Satellitenfunk, Transportdienste und Mobilfunkdienste von erheblichen Voraussetzungen abhängig, die prinzipiell die France Télécom vor Wettbewerbern schützen.

Tabelle D.1.3-1: *Marktzutritt im Geschäftsfeld Übertragungswege*

Übertragungswege	Marktzutritt			
	Monopol	Lizenz	Genehmigung	
			mit	ohne
Öffentliche Netze				
- Individualkommunikation				
· Mobilfunk		*		
· Satellitenfunk		x		FT
· terrestrisch	FT			
- Verteilkommunikation				
· Sender(terrestrisch)		*		
· Kabelnetze		*		
· Satellitenfunk		*		
Unabhängige Netze				
- leitergebunden				
· < 300 m ⌃ < Kapazität				*
· ansonsten			*	
- Funknetze mit geringer Reichweite				*
Interne Netze				*

FT: France Télécom

x : Konkurrenten der France Télécom

* : alle (France Télécom und ihre Konkurrenten)

Tabelle D.1.3-2: Marktzutritt zu den Geschäftsfeldern

Geschäftsfeld	Marktzutritt			
	Monopol	Lizenz	Genehmigung	
			mit	ohne
Übertragungswege				
- Individualkommunikation				
· terrestrisch	FT			
· Satellitenfunk		x		FT
- Verteilkommunikation				
· Sender(terrestrisch)		*		
· Kabelnetze		*		
· Satellitenfunk		*		
Transportdienste		x		FT
Fernsprechdienst	FT			
Rundfunk		*		
Mehrwertdienste				
- auf vermitteltem Dienst				*
- auf Übertragungswegen				
· klein				*
· groß			*	
Mobilfunk		*		

2. Auflagen für Anbieter

2.1 Pflichtangebot

Der für die Telekommunikation zuständige Minister wird nur für diejenigen Netze und Dienste Bewerber für eine Lizenz finden, die einem potentiellen Lizenznehmer einen Gewinn versprechen. Insofern kann er von sich aus keinem potentiellen Lizenznehmer eine Verpflichtung zum Angebot eines Netzes oder Dienstes auferlegen. Das gilt aber nicht gegenüber der France Télécom, deren Zweckbestimmung nach dem Gesetz über die Organisation des Post- und Fernmeldewesens darin liegt, öffentliche Netze und Dienste anzubieten.[44] Die in dem Gesetz relativ allgemein gehaltenen Aufgaben der France Télécom werden in ihrem Pflichtenheft konkretisiert. Danach hat die France Télécom Übertragungswege, den Telefondienst sowie andere Dienste anzubieten und dazu eine ganze Reihe von komplementären Dienstleistungen zu den Pflichtdiensten[45] zu erbringen. Darüber hinaus können der France Télécom weitere Pflichtleistungen auferlegt werden. Im einzelnen wird die France Télécom in ihrem Pflichtenheft zu dem folgenden Angebot verpflichtet:[46]

- Übertragungswege,

- Fernsprechdienst,

- öffentliche Fernsprechstellen,

- einfaches Fernsprechendgerät,

- Verzeichnis der Fernsprechteilnehmer,

- Auskunft über die Fernsprechteilnehmer,

- Telexdienst,

- leitungsvermittelte Datenübertragung,

---

44 Vgl. loi n° 90-568 du 2.7.1990, Art. 3. Siehe dazu auch C.2.1.

45 Das sind insbesondere die komplementären Dienstleistungen zum Fernsprechdienst: Auskunft, Teilnehmerverzeichnis, öffentliche Sprechstellen und einfache Fernsprechendgeräte.

46 Vgl. décret n° 90-1213 du 29.12.1990, Cahier des charges, Art. 3 und 4.

-     paketvermittelte Datenübertragung,

-     Funktelefondienst und

-     alle Mobilfunkdienste, die von der France Télécom zum 31. 12. 1990
      angeboten wurden.

Mit der Pflicht zum Angebot eines Dienstes werden Auflagen verbunden, die
diese Angebotspflicht weiter konkretisieren. Darauf wird im folgenden eingegangen.

2.2 Flächendeckung

Da die Telekommunikationsnetze und -dienste einen wesentlichen Teil der
materiellen Infrastruktur einer Volkswirtschaft darstellen, achtet der Staat
in der Regel darauf, daß diese Infrastruktur möglichst flächendeckend vorhanden ist. Damit versucht er die Produktion von Telekommunikationsnetzen
und -diensten der Quantität nach zu steuern oder zu kontrollieren. Eine flächendeckende Infrastruktur bildet sich in der Regel nicht im Wettbewerb
heraus. Die Bereitstellung der Infrastruktur verursacht an verschiedenen Or-
ten unterschiedliche Kosten. Daher wird ein gewinnmaximierender Anbieter
der Infrastruktur nur dort investieren, wo er seine Kosten durch Einnahmen
decken kann. Weiterhin wird er sein Kapital zunächst dort einsetzen, wo er
die höchsten Gewinne zu erwarten hat. Dank der Daten zu den Kosten zur
Versorgung dicht- und dünnbesiedelter Gebiete ist bekannt, daß die Kosten
für dichtbesiedelte deutlich unter denen für dünnbesiedelte Gebiete liegen.[47]

Damit dünnbesiedelte Gebiete trotzdem zeitgleich mit dichtbesiedelten Gebieten versorgt werden, bietet sich folgende Lösung an: Mit der Erlaubnis,
ein Netz oder einen Dienst anzubieten, werden Auflagen zur flächendeckenden Versorgung verbunden. Diese Auflagen bestehen im wesentlichen aus
zwei Bedingungen. Mit der ersten Bedingung wird festgelegt, daß jeder Kun-
de, der an das Netz angeschlossen werden oder einen Dienst nutzen will,
versorgt werden muß (Kontrahierungszwang). Diese Bedingung schränkt den
Anbieter in seiner Preispolitik nicht ein. Er wird also für die Versorgung des

---

47   Siehe Punkt F.1.

Kunden einen zumindest kostendeckenden Preis fordern. Hier greift die zweite Bedingung, die zusätzlich zum Kontrahierungszwang zur flächendeckenden Versorgung benutzt wird. Das ist die Verpflichtung, eine für den Kunden identische Leistung überall gleich zu tarifieren (Tarifeinheit im Raum). Das bedeutet, daß die Nutzer mit den kostengünstigen Leistungen in dichtbesiedelten Gebieten über einen Durchschnittspreis, der für beide Nutzergruppen gilt, die Nutzer mit den kostenträchtigen Leistungen in den dünnbesiedelten Gebieten subventionieren.

Das oben beschriebene Verfahren, eine flächendeckende Versorgung zu erreichen, wurde in Frankreich bislang insbesondere für den Fernsprechdienst angewandt. Durch das Gesetz über die Organisation des öffentlichen Post- und Fernmeldewesens wird der Kontrahierungszwang für den Fernsprechdienst festgelegt.[48] Die Tarifeinheit im Raum für den Fernsprechdienst wird dagegen nicht durch dieses Gesetz vorgegeben. Für das Angebot von Übertragungswegen ist keine gesetzliche Festlegung zum Kontrahierungszwang oder der Tarifeinheit im Raum getroffen worden. Allerdings kann man aus den fundamentalen Aufgaben, die der France Télécom im ersten Kapitel des Gesetzes über die Organisation des öffentlichen Post- und Fernmeldewesens zugewiesen werden[49] und den Grundsätzen des Gesetzes über die Regulierung des Telekommunikationssektors[50] schließen, daß für die beiden Monopolbereiche Übertragungswege und Fernsprechdienst in jedem Fall eine flächendeckende Versorgung über die Auflagen Kontrahierungszwang und eine Tarifeinheit im Raum gesichert werden soll. Dabei muß bis zu einer endgültigen Ausformulierung der Politik des für die Telekommunikation zuständigen Ministers offen bleiben, wie eng die France Télécom ihre Tarife an den Kosten ausrichten darf.

Die zahlreichen Hinweise im Code des P. et T., daß ein Wettbewerber der France Télécom nur dann zugelassen werden darf, wenn er den öffentlichen Auftrag der France Télécom nicht gefährde, lassen den Schluß zu, daß die Tarife der France Télécom sich nicht vorrangig nach Höhe und Struktur an den Kosten zu orientieren haben. So wird insbesondere im Pflichtenheft der

---

48   Vgl. loi n° 90-568 du 2.7.1990, Art. 3.

49   Vgl. ebenda, Art. 3, 6 und 8.

France Télécom ausdrücklich darauf hingewiesen, daß die Tarife von den Kosten abweichen können, wenn das dazu dient, den öffentlichen Auftrag der France Télécom auszufüllen und die Richtlinien der Politik der Regierung zu verfolgen.[51]

Für die Wettbewerber der France Télécom ist grundsätzlich kein Zwang zur Flächendeckung vorgesehen. Für die lizenzierten Betreiber von Mobilfunkdiensten gilt allerdings, daß sie die in ihrer Lizenz definierte Fläche zu versorgen haben.[52]

2.3 Standards

Die Produktion wird nicht nur der Quantität nach durch den Staat kontrolliert, sondern auch hinsichtlich der Eigenschaften, das heißt der Qualität der hergestellten Netze und Dienste. Im Telekommunikationssektor wird dabei in erster Linie das Ziel verfolgt, die Netze und Dienste durch Standardisierung kompatibel zu machen. Die Struktur des französischen Regulierungsmodells erfordert im wesentlichen Regelungen zur Kompatibilität zwischen dem öffentlichen Netz im Monopol und den Diensten im Wettbewerb, zur Kompatibilität zwischen den Diensten der France Télécom und denen ihrer Konkurrenten und zur Kompatibilität zwischen den Diensten der Konkurrenten der France Télécom. Dabei ist eine Kompatibilität zwischen den Diensten nicht in jedem Fall positiv zu bewerten, da der Wettbewerb zwischen den Diensten damit eine Beschränkung erfährt.[53] Im Extremfall könnte das dazu führen, daß nur noch ein homogener Dienst (einer bestimmten Kategorie) angeboten werden darf und damit die Innovation durch den Wettbewerb ausgeschlossen würde.

Hinsichtlich der Standardisierung der Netze und Dienste der France Télécom sind in dem Gesetz zur Organisation des öffentlichen Post- und Fernmelde-

---

50   Vgl. Code des P. et T., Art. L 33 und L 34.

51   Vgl. décret n° 90-1213 du 29.12.1990, Cahier des charges, Art. 2.

52   Vgl. Code des P. et T., Art. L 33-1.

53   Vgl. Besen / Saloner [forthcoming].

wesens und im Code des P. et T. nur wenige Regelungen vorgesehen.[54] Diese Regelungen lassen als Referenz die Eckpunkte der relevanten Richtlinien der EG-Kommission erkennen[55] und verweisen auf noch zu erlassende Dekrete. Für die Standardisierung der Konkurrenten der France Télécom sind hingegen wesentlich detailliertere Regelungen gesetzlich fixiert worden. Das gilt sowohl für die zu lizenzierenden Anbieter von Übertragungswegen per Satellit, Mobilfunkdiensten und Transportdiensten als auch für die Anbieter von bestimmten Mehrwertdiensten, die nicht der Lizenzierung unterliegen.[56]

Grundsätzlich verfolgt die französische Politik den Weg, über Standards nicht nur die Kompatibilität zu fördern, sondern auch implizite Marktzutrittsbarrieren aufzurichten. Das zeigen insbesondere die spezifischen Regelungen im Code des P. et T., die für die Pflichtenhefte der Konkurrenten der France Télécom besondere Vorschriften hinsichtlich der Standards fordern.[57]

---

54   Vgl. Code des P. et T., Art. L 32-12° und L 32-1 sowie loi n° 90-568 du 2.7.1990, Art. 7.

55   Vgl. 90/387/EWG und 90/388/EWG.

56   Vgl. Code des P. et T., Art. L 33-1, L 34-2 und L 34-5.

57   Vgl. ebenda, Art. L 33-1 und L 34-2.

3. Wettbewerbskontrolle

3.1 Quersubventionierung

Die Kontrolle der Quersubventionierung befaßt sich im Telekommunikationssektor im wesentlichen mit zwei Fragestellungen. Zum einen untersucht sie,
ob innerhalb eines Dienstes eine Quersubventionierung vorliegt. Als Beispiel
dafür kann die Subventionierung der Fernsprechhauptanschlüsse durch den
Fernsprechverkehr in Frankreich dienen.[58] Zum anderen achtet sie darauf,
ob zwischen zwei Diensten eine Quersubventionierung vorliegt. Als Beispiel
dafür kann aus der Bundesrepublik Deutschland die Subventionierung des
Breitbandverteildienstes für Radio- und Fernsehen über Kabel ('Kabelfernsehen') durch den Fernsprechdienst herangezogen werden. In beiden Fällen wird
der Träger der Subventionslast zu einem Preis angeboten, der über seinen
Kosten liegt. Der Empfänger der Subventionen wird dagegen zu einem Preis
angeboten, der die Kosten nicht deckt. Wenn nun der Zutritt in den Markt
möglich ist, in dem die Subventionslast verdient wird, werden Anbieter auftreten, die zu dem Träger der Subventionslast in Konkurrenz treten und die
Gewinne (Kostenüberdeckung) als Basis der Quersubventionierung angreifen.
Tatsächlich werden die beiden oben beispielhaft angeführten Träger der Subventionslasten unter einem Monopol angeboten. Damit wird eine wesentliche
Zweckbestimmung der beiden Monopole deutlich.

Der neue französische Regulierungsrahmen enthält die Quersubventionierung
als Mittel zum Zweck. Die Quersubventionierung dient dazu, die Politik der
Regierung im Telekommunikationssektor zu unterstützen.[59] Das bedeutet, die
öffentliche Daseinsvorsorge wird letztlich durch die Gewinne aus den Monopolen der France Télécom finanziert. Dabei wird folgendermaßen vorgegangen.

Zunächst werden Monopolleistungen und Pflichtleistungen festgelegt, die bestimmten Anforderungen genügen müssen. Zu diesen Anforderungen sind
insbesondere die Flächendeckung und die Tarifeinheit im Raum zu zählen.
Sowohl die Flächendeckung als auch die Tarifeinheit im Raum können dabei
nicht als absolute Ziele gelten, sondern als die Extremform der Auflagen.

---

58   Vgl. Tabelle F.1-6 und F.1-7.

59   Vgl. décret n° 90-1213 du 29.12.1990, Cahier des charges, Art. 2.

Diese Auflagen führen dazu, daß Dienstleistungen der France Télécom teilweise unter ihren Kosten angeboten werden müssen.

Die erforderliche Quersubventionierung soll zunächst innerhalb des Dienstes erwirtschaftet werden. Diese Vorgabe ergibt sich aus den Zulassungsvoraussetzungen für Wettbewerber, die Dienste in Konkurrenz zu den Pflichtdienstleistungen der France Télécom anbieten wollen.[60] Denn es sollen nur solche Anbieter in Konkurrenz zur France Télécom zugelassen werden, die nicht die Einhaltung der Auflagen des Pflichtdienstes gefährden.[61] Wenn nun aber eine Pflichtleistung insgesamt eine Kostenunterdeckung aufweist, dann ist diese durch die Kostenüberdeckungen aus den Monopolen zu tragen.

Mit Blick auf den Wettbewerb ergibt sich also folgendes Bild: Die France Télécom darf Gewinne aus den Monopolen dazu einsetzen, bestimmte Wettbewerbsdienste, die sogenannten Pflichtdienste, zu subventionieren. Inwieweit die France Télécom aus ihren Monopolen die Wettbewerbsdienste subventionieren darf, die keine Pflichtdienste sind, ist weder in den Gesetzen und Dekreten, die sich auf die France Télécom beziehen, noch im allgemeinen Wettbewerbsrecht[62] geregelt. Lediglich eine Generalklausel im Gesetz, die dem Minister die Aufsicht über die Einhaltung eines fairen Wettbewerbs ('concurrence loyale') zwischen der France Télécom und den mit ihren konkurrierenden Diensteanbietern zuweist, existiert als Referenzpunkt für die Behandlung dieser Form der Quersubventionierung.[63]

Zusammengefaßt kann gesagt werden, daß die Quersubventionierung innerhalb der France Télécom ein konstitutives Element des Regulierungsrahmens ist. Für die Quersubventionierung innerhalb des Monopol- und Pflichtangebots sowie zwischen dem Monopol- und Pflichtangebot werden als Zweckbindung

---

60 Vgl. Code des P. et T., Art. L 33-1 und L 34-2.

61 So wird die Zulassung von Transportdiensten von folgenden Voraussetzungen abhängig gemacht: "...si elle [l'autorisation] est compatible avec le bon accomplissement par l'exploitant public [France Télécom] des missions de service public qui lui sont confiées, et avec les contraintes tarifaires et de desserte géographique qui en résultent." (Code des P. et T., Art. 34-2)

62 Hier ist an erster Stelle die folgende Rechtsnorm zu nennen: Ordonnance n° 86-1243 du 1.12.1986.

63 Vgl. Code des P. et T., Art. L 32-1.

eine flächendeckende Versorgung bei einer Tarifeinheit im Raum herangezogen. Eine Quersubventionierung aus dem Monopol in die Wettbewerbsdienste, die nicht als Pflichtangebot durch die France Télécom zu erbringen sind, genießt nicht den Schutz der öffentlichen Daseinsvorsorge. Sie wird aber auch nicht prinzipiell ausgeschlossen oder untersagt, sondern lediglich unter den Vorbehalt gestellt, daß sie nicht zu einem unfairen Wettbewerb führen darf.

3.2 Preisfestsetzung

In wettbewerblichen Ausnahmebereichen kann die Preisfestsetzung nicht einem Anbieter überlassen werden, da sich kein Wettbewerbspreis einstellen kann. Im französischen Telekommunikationssektor ist demzufolge eine Kontrolle der Preise für die Monopol- und zumindest einen Teil der Pflichtangebote der France Télécom vorgesehen. Diese Kontrolle konzentriert sich im wesentlichen darauf, die Einhaltung der für die Preisbildung geltenden Grundsätze und eine Mißbrauchsaufsicht über die marktbeherrschende France Télécom sicherzustellen. Darüber hinaus wirkt die Preiskontrolle auch auf die Anbieter, die Angebote in Konkurrenz zu Pflichtangeboten der France Télécom anbieten.

Die Grundsätze zur Preisbildung sind in den Rechtsnormen, die auf die France Télécom wirken, nur sehr vage formuliert. So erhält das Gesetz über die Regulierung der Telekommunikation lediglich zwei allgemeine Formulierungen, die dem für die Telekommunikation zuständigen Minister auferlegen, eine Gleichbehandlung der Kunden durch die Anbieter und einen fairen Wettbewerb zwischen den Anbietern zu gewährleisten.[64] Das Pflichtenheft der France Télécom enthält dagegen etwas spezifischere Festlegungen. Diese beziehen sich aber zum Großteil auf die Prozedur der Preisfestsetzung und weniger auf die materiellen Anforderungen.[65] Daraus ist zu schließen, daß die Ministerien, die die Preise der France Télécom zu genehmigen haben, nicht vorab bei ihrer Genehmigungspolitik zu stark eingeschränkt werden

---

64   Vgl. ebenda.

65   Vgl. décret n° 90-1213 du 29.12.1990, Cahier des charges, Art. 33 und 34.

sollen. Die materiellen Anforderungen können wie folgt zusammengefaßt werden:

Die Preise für die Dienstleistungen, die die France Télécom zur öffentlichen Daseinsvorsorge anbietet, also ihre Monopol- und Pflichtangebote, sollen die Kosten der Dienstleistungen berücksichtigen.[66] Von den Kosten nach Höhe und Struktur kann insbesondere dann abgewichen werden, wenn dadurch politische Auflagen oder Auflagen zur öffentlichen Daseinsvorsorge erfüllt werden.[67] Als Beispiel für das Abweichen von der Höhe der Kosten durch politische Auflagen kann die im Gesetz festgelegte Ablieferung an den französischen Staatshaushalt[68] herangezogen werden. Im Kern handelt es sich hierbei um die Abschöpfung eines Teils des Monopolgewinns, der der France Télécom gestattet wird. Als Beispiel für das Abweichen von der Kostenstruktur durch Auflagen zur öffentlichen Daseinsvorsorge kann die Gleichbehandlung von Kunden durch die Vorgabe der Tarifeinheit im Raum entsprechend der Raumordnungspolitik der Regierung dienen.[69]

Das bisher Ausgeführte bezieht sich auf die nationalen Dienste. Für die internationalen Dienste gilt, daß ihre Tarife nicht zu den Regelungen in den Direktiven der Europäischen Gemeinschaft im Widerspruch stehen dürfen.[70]

Zur Mißbrauchsaufsicht über die marktbeherrschende France Télécom fehlen weitergehende Aussagen in den Rechtsnormen als die, daß der für die Telekommunikation zuständige Minister eine faire Konkurrenz zwischen der France Télécom und ihren Konkurrenten zu gewährleisten hat.[71] Insbesondere fehlt eine Aussage zur Begrenzung der Marktmacht der France Télécom als Monopolistin im Fernsprechdienst gegenüber ihren Kunden. Damit

---

66 Im Wortlaut "tenant compte des coûts de production" (ebenda, Art. 2).

67 Vgl. décret n° 90-1213 du 29.12.1990, Cahier des charges, Art. 2.

68 Vgl. loi n° 90-568 du 2.7.1990, Art. 19.

69 Vgl. décret n° 90 1213 du 29.12.1990, Cahier des charges, Art. 2. Siehe dazu den vorhergehenden Punkt D.3.1 zur Quersubventionierung.

70 Vgl. décret n° 90-1213 du 29.12.1990, Cahier des charges, Art. 33.

71 Vgl. Code des P. et T., Art. L 32-1.

wird diese Mißbrauchsaufsicht ohne eine wesentliche materielle Bindung den genehmigenden Ministerien überlassen.

Obwohl das Verfahren zur Genehmigung der Preise der France Télécom im Pflichtenheft nicht abschließend geregelt ist, kann es in seinen Grundzügen beschrieben werden. Zunächst ist zu betrachten, welche Dienstleistungen durch eine Genehmigung erfaßt werden.

- Das sind erstens die Leistungen, die nur die France Télécom unter ihrem Monopol anbieten darf.

- Zweitens sind das die Dienste, die zwar grundsätzlich im Wettbewerb angeboten werden können, für die aber kein Wettbewerber zugelassen wurde. Es handelt sich dabei also um ein De-facto-Monopol im Gegensatz zu einem De-jure-Monopol.

- Drittens sind das Pflichtleistungen, die durch einen interministeriellen Erlaß der Preisgenehmigung unterworfen werden.

- Viertens werden schließlich die internationalen Dienste der Preisregulierung unterworfen.

Durch keine Genehmigungsverfahren werden die in den oben beschriebenen Regelungen nicht inbegriffenen Pflichtleistungen und die Wettbewerbsdienste, die keine Pflichtleistungen sind, erfaßt. Allerdings müssen die Preise für diese Wettbewerbsdienste einen Monat vor ihrer Veröffentlichung den Ministerien vorgelegt werden, die für die Telekommunikation, Finanzen und Wirtschaft zuständig sind. Diese Ministerien üben auch das Genehmigungsrecht für die unter erstens bis drittens aufgezählten Dienste aus. Darüber hinaus sind diese Ministerien auch berechtigt, Preise für genehmigungspflichtige Leistungen festzusetzen. Für die internationalen Dienste gibt es nur den für die Telekommunikation zuständigen Minister als Genehmigungsinstanz. Er kann allerdings nicht, wie bei anderen genehmigungspflichtigen Diensten, selbständig den Preis festsetzen.[72]

---

72 Vgl. décret n° 90-1213 du 29.12.1990, Cahier des charges, Art. 33 und 34.

Zusammenfassend ist festzustellen, daß die Preiskontrolle für den wettbewerblichen Ausnahmebereich durch Ministerien ausgeübt wird, die über einen
erheblichen Ermessensspielraum verfügen, da keine eindeutigen Grundsätze
für ihre Aufsicht festgelegt wurden. Obwohl die Kosten als Kriterium herangezogen werden, sind vorrangig politische Ziele und Auflagen zur öffentlichen Daseinsvorsorge zu beachten. Die Stellung der Preiskontrolleure ist
sehr stark, da sie neben der Genehmigung als Regelfall auch selbständig
Preise festsetzen können, wenn es sich um nationale Dienste handelt. Solange keine Lizenzen von zugelassenen Wettbewerbern der France Télécom
veröffentlicht worden sind, kann keine Aussage dazu gemacht werden, wie
stark die lizenzierten Dienste auch einer Preiskontrolle unterliegen. Nach
den Vorraussetzungen, die der Code des P. et T. für die Lizenzierung enthält, ist auch hier mit einer Preiskontrolle zu rechnen.

3.3 Konditionen

Unter dem Gesichtspunkt der Wettbewerbskontrolle sind vor allem die Konditionen der marktbeherrschenden France Télécom von Interesse. Dabei ist
zu unterscheiden zwischen den Konditionen, die die France Télécom ihren
'normalen' Kunden einräumt, und denen, die sie ihren Kunden, die gleichzeitig ihre Konkurrenten sind, gewährt. Im folgenden soll die Aufmerksam-
keit auf die letzteren Konditionen konzentriert werden, denn sie sind ent-
scheidend für die Intensität und Art des Wettbewerbs zwischen der France
Télécom als Anbieter von Wettbewerbsdiensten und ihren Wettbewerbern.

Der französische Regulierungsrahmen schließt die Wettbewerber der France
Télécom ja davon aus, über eine vollkommen eigene Netzinfrastruktur zu
verfügen und darauf ihre Wettbewerbsdienste anzubieten. Sie werden vielmehr gezwungen, wesentliche Vorprodukte bei der France Télécom einzukau-
fen und ihre Netze oder Dienste mit denen der France Télécom zu verbin-
den. Es geht also darum, wie freizügig die von der France Télécom erwor-
benen Vorprodukte für Zwecke zur Bereitstellung von Diensten genutzt werden dürfen, und unter welchen Bedingungen ein Übergang vom Wettbewerbs-
dienst in einen Dienst oder das Netz der France Télécom erlaubt ist.

Die freizügige Nutzung der Vorprodukte zur Bereitstellung von Diensten wird grundsätzlich dadurch eingeschränkt, daß bestimmte Dienste nicht (der Fernsprechdienst) oder nicht ohne Lizenz (z.B. Transportdienste) angeboten werden dürfen.[73] Weiterhin bestehen dadurch Einschränkungen, daß der einfache Wiederverkauf von Übertragungswegen bis Ende 1992 verboten ist[74] und für bestimmte Dienste technische Standards einzuhalten sind.[75]

Der Anschluß von Wettbewerbsdiensten an das öffentliche Netz der France Télécom oder an einen ihrer Dienste wird im Code des P. et. T. vom Grundsatz her geregelt und im Pflichtenheft der France Télécom finden sich Ausführungsbestimmungen dazu. In den grundlegenden Regelungen[76] wird auf die einschlägigen Prinzipien der Europäischen Gemeinschaft verwiesen, das heißt die sogenannte Diensterichtlinie[77] und die ONP-Richtlinie.[78] Die Ausführungen im Pflichtenheft der France Télécom sind auf die Regelung des Zugangs von Mobilfunk- und Transportdiensten beschränkt, also Diensten, die nur mit einer Lizenz angeboten werden dürfen. Die Regelungen sehen vor, daß die France Télécom zunächst bei der Festlegung des Pflichtenheftes für den zu lizenzierenden Wettbewerber von dem Lizenzgeber zu Fragen des Zugangs konsultiert wird. Anschließend handelt die France Télécom mit dem Lizenznehmer die Zugangsbedingungen aus, die dem für die Telekommunikation zuständigen Minister vorgelegt werden. Nur wenn sich die beiden Verhandlungsparteien nicht einigen können, ist der Minister berechtigt, die Bedingungen festzulegen.[79]

Die entscheidende Bestimmung ist, daß die France Télécom die ihr auferlegten Lasten hinsichtlich der Flächendeckung und der Tarifgestaltung auf denjenigen weiterwälzen darf, der sich anschließen will. Darüber hinaus darf sie die Anschlußkosten, also die Modifikation ihrer Einrichtungen für den

---

73   Vgl. Code des P. et T., Art. L 34.

74   Vgl. loi n° 90-1170 du 29.12.1990, Art. 22.

75   Vgl. Punkt D.2.3.

76   Vgl. Code des P. et T., Art. L 32-1.

77   Vgl. 90/388/EWG.

78   Vgl. 90/387/EWG.

79   Vgl. décret n° 90-1213 du 29.12.1990, Cahier des charges, Art. 11.

Anschluß, in Rechnung stellen.[80] Die Weiterwälzung der oben genannten Lasten auf private Diensteanbieter dient dazu, ein Rosinenpicken zu verhindern, also auszuschließen, daß nicht der Anbieter, der keine schlechten Risiken tragen muß, sondern der effizientere Anbieter am Markt besteht. Es ist zu erwarten, daß die privaten Anbieter diese Last der öffentlichen Daseinsvorsorge und der politischen Auflagen nur widerwillig mittragen wollen und sich deshalb mit der France Télécom über die Verteilung dieser Lasten kaum einigen können, also den für die Telekommunikation zuständigen Minister als Schiedsrichter anrufen werden.

---

80 Vgl. ebenda.

E. BEURTEILUNG DER REFORM IM EUROPÄISCHEN KONTEXT

Durch einen Vergleich der Reform des französischen Telekommunikationssektors mit den Vorgaben der Europäischen Gemeinschaft sowie mit den institutionellen und regulierungspolitischen Gegebenheiten in der Bundesrepublik Deutschland und in Großbritannien wird die Struktur des französischen Modells besser erkennbar als bei seiner isolierten Beschreibung und Analyse. Dafür ist es zunächst erforderlich, die Politik der Europäischen Gemeinschaft im Telekommunikationssektor darzulegen und sie dann als Maßstab für die nationalen Lösungen in der Bundesrepublik Deutschland, Frankreich und Großbritannien zu verwenden.

Beim Vergleich wurde die Betrachtung auf die beiden konstitutiven Elemente des französischen Modells, die Funktion des Wettbewerbs und die Funktion der France Télécom, konzentriert. Es wird gezeigt, daß dem Wettbewerb im französischen Telekommunikationssektor eine ganz andere Rolle zukommt als in der Bundesrepublik Deutschland und in Großbritannien. Vor allem wird aber analysiert, warum das so ist. Auch die Rolle der France Télécom fällt aus dem Rahmen. Ihre spezifische Rolle wird ebenfalls herausgearbeitet und analysiert.

1. Europäische und nationale Telekommunikationspolitik

1.1. Gemeinschaftspolitik

In der Europäischen Gemeinschaft war bis in die achtziger Jahre keine explizite Telekommunikationspolitik vorhanden. Erst 1983 wurde mit der Formulierung und Umsetzung einer gemeinsamen Politik im Telekommunikationssektor begonnen. Das Ziel der Gemeinschaftspolitik ist es seitdem, den fragmentierten Telekommunikationsmarkt in der Europäischen Gemeinschaft durch die weitestgehende Aufhebung kontraproduktiver einzelstaatlicher Regelungen zu einem Markt zusammenzufassen. Dieser Binnenmarkt trägt insbesondere zwei Zielen Rechnung.

-       Die europäische Industrie soll durch den Gemeinsamen Markt eine Verbesserung ihrer weltweiten Position erfahren. Bislang führte die Abschottung der nationalen Märkte in der Gemeinschaft dazu, daß die nationalen Hersteller sehr eng an die Beschaffungspolitik der nationalen Netzbetreiber und Diensteanbieter gebunden sind. Mit der Implementierung des Binnenmarktes und einer gemeinschaftsweiten Standardisierung soll den europäischen Herstellern ein wesentlich größerer Heimmarkt geboten werden. Die erheblich größeren Stückzahlen und der Wettbewerb im Binnenmarkt soll die europäische Industrie in eine starke Ausgangsposition für den weltweiten Wettbewerb bringen.

- Durch den Gemeinsamen Markt sollen erhebliche Wachstumspotentiale freigesetzt werden. Dieses Wachstum soll sich nicht auf die Anbieter von Netzen, Diensten und Geräten beschränken, sondern die gesamte Wirtschaft erfassen. Dabei ist insbesondere zu berücksichtigen, daß eine verbesserte Kommunikation und ein einfacherer Zugang zu besseren Informationen zu Produktivitätssteigerungen beiträgt.[1]

In dem sogenannten Grünbuch über die "Entwicklung des Gemeinsamen Marktes für Telekommunikationsdienstleistungen und Telekommunikationsgeräte", das unter dem Obertitel "Auf dem Weg zu einer dynamischen europäischen Volkswirtschaft" erschien, hat die Kommission der Europäischen Gemeinschaften 1987 ihre Vorschläge für eine europäische Telekommunikationspolitik formuliert.[2] Inzwischen sind wesentliche Teile dieser Vorschläge in Richtlinien umgesetzt worden.[3] Die Richtlinien sind in ihrer Zielsetzung für die einzelnen Staaten verbindlich.

Im folgenden werden kurz die Grundlinien der Gemeinschaftspolitik skizziert, die sowohl im Grünbuch als auch in den Richtlinien enthalten sind.

I. Die hoheitlichen Funktionen sind von den betrieblichen Funktionen im Telekommunikationssektor zu trennen. Bei den hoheitlichen Funktionen handelt es sich insbesondere um die Regulierung des Marktzutritts von Netz- und Diensteanbietern, die Zulassung von Geräten, die Definition

---

1 Vgl. Kommission der Europäischen Gemeinschaften [1987] und Narjes [1989], S. 165 ff.

2 Vgl. Kommission der Europäischen Gemeinschaften [1987].

3 Das sind insbesondere die Endgeräterichtlinie [88/301/EWG], die ONP-Richtlinie [90/387/EWG] und die Diensterichtlinie [90/388/EWG].

von Schnittstellen und die Überwachung der grundlegenden Nutzungsbe-
dingungen des Netzes.

II.   Der Marktzutritt ist folgendermaßen zu regeln:

a)   Die Netzinfrastruktur kann von einem Anbieter allein oder von einer
     beschränkten Anzahl von Anbietern bereitgestellt werden, wenn damit
     eine besondere Aufgabe verbunden ist. "Diese besondere Aufgabe be-
     steht in der Errichtung und dem Betrieb eines flächendeckenden Net-
     zes, an das alle Anbieter von Dienstleistungen oder Benutzer auf An-
     trag innerhalb einer zumutbaren Frist angeschlossen werden müssen.
     Die Geldmittel für den Ausbau dieser Netze stammen im wesentlichen
     noch aus dem Sprach-Telefondienst. Die Öffnung dieses Dienstes für
     den Wettbewerb könnte deshalb das finanzielle Gleichgewicht der
     Fernmeldeorganisationen gefährden."[4]

b)   Der Zutritt zum Markt für Transportdienste kann in den Mitgliedstaa-
     ten durch eine Zulassung beschränkt werden. Das Verfahren für die
     Zulassung und die von einem zugelassenen Anbieter zu erfüllenden
     Auflagen können von der Kommission der Europäischen Gemeinschaft
     überprüft werden. Der einfache Wiederverkauf der Kapazität von Über-
     tragungswegen kann bis zum 31.12.1992 untersagt werden.[5]

c)   Der Grundsatz, daß alle interessierten Anbieter das Recht haben, Tele-
     kommunikationsdienste anzubieten, gilt für den Fernsprechdienst nicht.
     Damit ist es möglich, die ausschließlichen Rechte eines Anbieters auf-
     rechtzuerhalten. Aber auch ein Wettbewerb zwischen mehreren Anbie-
     tern wird nicht ausgeschlossen.[6]

d)   Der Zutritt zum Markt für die Verbreitung von Radio- und Fernsehpro-
     grammen wird durch die Telekommunikationspolitik der Europäischen
     Gemeinschaft nicht erfaßt.[7]

---

4   90/388/EWG, Begründung, Abs. (18).

5   Vgl. ebenda, Art. 2 und 3.

6   Vgl. ebenda, Art. 2.

7   Vgl. ebenda, Art. 1.

e)   Der Zutritt zum Markt für Mehrwertdienste ist grundsätzlich ohne Beschränkungen möglich. Da in der Diensterichtlinie der Telexdienst ausgespart wird, ist eine Beschränkung der Zahl der Anbieter des Telexdienstes möglich.[8]

f)   Der Zutritt zum Mobilfunkmarkt wird weder im Grünbuch behandelt noch in der Diensterichtlinie geregelt.[9] Allerdings hat die Europäische Gemeinschaft im Rahmen der Standardisierung erhebliche Anstrengungen unternommen, einen einheitlichen Dienste- und Gerätemarkt entstehen zu lassen.[10]

g)   Der Markt für Endgeräte darf innerhalb und zwischen den Mitgliedsstaaten keine Marktzutrittsschranken außer der Zulassung der Endgeräte aufweisen.[11]

Die Regulierung des Marktzutritts im Telekommunikationssektor stellt den Kern der Telekommunikationspolitik der Europäischen Gemeinschaft dar. Dazu stehen die vielfältigen Regelungen der Gemeinschaftspolitik hinsichtlich der Auflagen für Anbieter von Übertragungswegen und Diensten sowie die Wettbewerbskontrolle in einem direkten Spannungsverhältnis.

III.   Da die Europäische Gemeinschaft selbst kaum Auflagen festlegt, macht sie nur Aussagen darüber, welche Auflagen zugelassen sind und wie sie wirken dürfen. Zum einen dürfen bestimmte Auflagen (insbesondere die Flächendeckung) dazu dienen, daß ein Anbieter mit ausschließlichen Rechten, der diese Auflagen tragen muß, dort vor Konkurrenz geschützt wird, wo diese Auflagen gefährdet sind. Diese Regelung bezieht sich auf die Anbieter von Übertragungswegen und den Fernsprechdienst. Zum anderen dürfen Auflagen für neue Anbieter nicht dazu dienen, daß Ausschließlichkeitsrechte von Anbietern von Transportdiensten aufrechterhalten bleiben.

---

8   Vgl. ebenda, Art. 1 und 2.

9   Vgl. ebenda, Art. 1.

10   Die Kommission arbeitet nach eigenem Bekunden gegenwärtig an einem Grünbuch zum Mobilfunk.

11   Vgl. 88/301/EWG.

IV. Die Politik der Europäischen Gemeinschaft im Bereich der Wettbewerbskontrolle besteht aus zwei Elementen. Zum einen ist das der Rückgriff auf das Wettbewerbsrecht der Gemeinschaft, das im EWG-Vertrag verankert ist. Hier sind an erster Stelle die Bestimmungen nach § 86 zu nennen, die eine mißbräuchliche Ausnutzung einer beherrschenden Stellung auf dem Gemeinsamen Markt oder einem wesentlichen Teil desselben untersagen. Zum anderen sind das spezifische Regelungen für den Telekommunikationssektor. Die Regelungen beziehen sich im wesentlichen darauf, einen "offenen und effizienten Zugang zu öffentlichen Telekommunikationsnetzen und gegebenenfalls zu öffentlichen Telekommunikationsdiensten"[12] sicherzustellen.

Damit soll verhindert werden, daß marktbeherrschende Anbieter von Übertragungswegen und Diensten die von ihnen hergestellten Vorprodukte für Diensteanbieter zu Bedingungen anbieten, die das Angebot von Diensten im nationalen und europäischen Raum behindern. Die Bedingungen für den offenen Netzzugang (ONP für Open Network Provision) beziehen sich insbesondere auf die technischen Schnittstellen, die Benutzungsbedingungen sowie die Tarifierungsgrundsätze der Übertragungswege und Dienste.[13]

Zusammenfassend kann gesagt werden, daß die Europäische Gemeinschaft nur in Teilbereichen dezidierte Regelungen für den Telekommunikationssektor bereithält und es ansonsten den einzelnen Staaten überläßt, die auf der Gemeinschaftsebene verbindlich vorgegebenen Ziele umzusetzen. Dabei ist zu berücksichtigen, daß Teilbereiche (Rundfunk und Mobilfunk) des Telekommunikationssektors bislang nicht von den Regulierungsansätzen der Gemeinschaftspolitik erfaßt werden.

Die Gemeinschaftspolitik findet in einem Spannungsverhältnis zwischen einer industriepolitisch orientierten Sektorpolitik und einer wettbewerbspolitisch ausgerichteten Ordnungspolitik statt. Diese divergierenden Ansätze werden sowohl innerhalb der Kommission verfolgt als auch von außen, daß heißt durch die Mitgliedsstaaten, in sie hineingetragen. Innerhalb der EG-Kommission vertreten Generaldirektionen (DG für Direction Générale) durchaus kon-

---

12   90/388/EWG, Art. 1

träre Standpunkte. Die DG IV steht für den wettbewerbspolitischen und die DG XIII für den industriepolitischen Ansatz der EG-Kommission.[14] Auf der Ebene der Mitgliedsstaaten wird die Wettbewerbspolitik von Großbritannien und die Industriepolitik von Frankreich in den Vordergrund gestellt.

Der Konflikt Industriepolitik versus Wettbewerbspolitik wird an einer scheinbar formalen Auseinandersetzung vor dem Europäischen Gerichtshof deutlich. Frankreich hatte die sogenannte Endgeräterichtlinie zum Anlaß genommen, Klage gegen das Zustandekommen von Richtlinien der Kommission zu führen. Zum besseren Verständnis ist vorauszuschicken, daß eine Richtlinie zur Wettbewerbspolitik im Telekommunikationssektor in der Regel durch die Kommission dem Rat vorgelegt wird, der über sie entscheidet.[15] Auf diese Entscheidung kann durch die nationalen Regierungen leicht bei der Abstimmung im Rat Einfluß genommen werden. Ein solcher Einfluß besteht nicht, wenn die Kommission selbständig eine Richtlinie erläßt. Das kann die Kommission insbesondere im Telekommunikationssektor mit Hinblick auf besondere oder ausschließliche Rechte tun.[16] Damit hat sie die Möglichkeit, nationale Monopole oder Anbieter mit einer marktbeherrschenden Stellung zu regulieren oder diese Bereiche dem Wettbewerb zu öffnen. Durch die Klage wollte die französische Regierung sich also ihre Kontrolle über den wettbewerblichen Ausnahmebereich Telekommunikationssektor in Frankreich sichern. Eine solche Kontrolle ist für die französische Industriepolitik in diesem Sektor bislang Voraussetzung gewesen.

Der Konflikt zwischen der restriktiven Haltung Frankreichs in Fragen der Öffnung der Monopole mit den Vorstellungen der Kommission zeigt sich bereits in einem Vergleich der Konzeption des sogenannten Grünbuchs der Kommission mit dem Gesetzentwurf der liberal-konservativen Regierung Frankreichs aus dem Jahr 1987.[17] Daraus kann geschlossen werden, daß es in der Frage der Marktöffnung oder der wirtschaftspolitischen Liberalisierung weniger auf die politische Ausrichtung der französischen Regierungen als

---

13   Vgl. 90/387/EWG, Art. 2

14   Vgl. Dang-Nguyen / Blandin [1990].

15   Vgl. EWG, Art. 87 u. 101a.

16   Vgl. EWG, Art. 90.

vielmehr auf die parteiübergreifenden Grundsätze französischer Wirtschaftspolitik ankommt.

1.2. Nationale Politik

In den zwölf Staaten der Europäischen Gemeinschaft existieren heute zwölf
verschiedene Telekommunikationspolitiken, die sich Schritt für Schritt in den
Gemeinschaftsrahmen einpassen.[18] Vor dem Hintergrund der unterschiedlichen kulturellen Traditionen der einzelnen Staaten kann aber die Einordnung
der nationalen Politik in die Gemeinschaftspolitik nur bedeuten, daß überge-
ordnete Ziele der Gemeinschaft im nationalen Bereich durchaus unterschiedlich durchgesetzt werden. An dieser Stelle muß ein Blick auf die drei wichtigsten Telekommunikationsmärkte in der Gemeinschaft genügen, nämlich die
Bundesrepublik Deutschland, Frankreich und Großbritannien. Zunächst sollen
die institutionellen Gegebenheiten und anschließend der regulierungspolitische
Rahmen in den drei Ländern verglichen werden.

Für alle drei Länder gilt heute, daß die hoheitlichen und die betrieblichen
Funktionen voneinander getrennt wahrgenommen werden. Diese Trennung ist
aber in den drei Fällen unterschiedlich weit fortgeschritten oder ausgeprägt.
In allen drei Ländern waren ursprünglich sowohl die hoheitlichen und be-
trieblichen Funktionen als auch das Post- und das Fernmeldewesen in einer
Organisation zusammengefaßt. In drei Schritten wird die Trennung vollzogen:

-   Organisatorische Trennung von Post- und Fernmeldewesen

-   Organisatorische Trennung von Hoheit und Betrieb

-   Rechtliche Verselbständigung des Fernmeldewesens

Bei einem Vergleich der drei Länder[19] wird deutlich, daß Großbritannien am
weitesten fortgeschritten ist und die Bundesrepublik Deutschland (noch) nicht

---

17   Vgl. Pospischil [1988], S. 85.

18   Einen Überblick zum aktuellen Stand in den Mitgliedsstaaten der EG gibt: Geb-
     hardt [1990].

19   Zu Großbritannien siehe: DTI [1990], Heuermann / Neumann [1985], Morgan /
     Davis [1989] und den Text der Lizenz von British Telecom (DTI [1984]); zu

alle drei Schritte vollzogen hat. Der erste Schritt, die organisatorische Trennung von Post- und Fernmeldewesen wurde in Frankreich bereits 1968 vollzogen, Großbritannien folgte 1981 und die Bundesrepublik 1990. Während in Großbritannien mit der organisatorischen Trennung zwischen Post- und Fernmeldewesen gleichzeitig eine rechtliche Trennung verbunden war, folgte diese in Frankreich erst 1991. In der Bundesrepublik existiert keine rechtliche Trennung zwischen der Telekom und der Post, da beide jeweils einen 'Teilbereich' der Deutschen Bundespost oder ein 'Teilsondervermögen' des Sondervermögens des Bundes darstellen.[20]

Der zweite Schritt, die organisatorische Trennung von Hoheit und Betrieb, erfolgte in Großbritannien schon 1969, Frankreich folgte in zwei Schritten 1987 und 1991 und die Bundesrepublik Deutschland 1990. Es ist bemerkenswert, daß in allen drei Ländern ursprünglich eine öffentliche Verwaltung mit einem Minister an der Spitze für Betrieb und Hoheit zuständig war. In allen drei Fällen folgte dann eine organisatorische Trennung innerhalb der öffentlichen Verwaltung zwischen Hoheit und Betrieb. In Großbritannien war mit dieser Trennung der Prozeß noch nicht abgeschlossen. Fünf Jahre lang war ein Ministerium für das Post- und Fernmeldewesen zuständig, dann wurde es aufgelöst und die hoheitlichen Aufgaben dem Wirtschaftsministerium übertragen. Zehn Jahre später, im Jahr 1984, wurde dem Wirtschaftsministerium eine Regulierungsbehörde zur Seite gestellt, das OFTEL (Office of Telecommunications). Das Wirtschaftsministerium verlagerte damit den Großteil der Regulierung in das OFTEL, behielt sich aber die wesentlichen Entscheidungskompetenzen vor. In Frankreich und der Bundesrepublik Deutschland wird die hinter der britischen Lösung liegende Konzeption, daß der Telekommunikationssektor keine Sonderbehandlung durch ein eigenes Ministerium verdiene, bislang kaum vertreten. In den beiden Ländern bildet sich eine ganz andere Konzeption in der Praxis heraus.

Sowohl in Frankreich als auch in der Bundesrepublik Deutschland wird die hoheitliche Funktion von einem sektorspezifischen Ministerium wahrgenom-

---

Frankreich siehe: Sénat [1987], Longuet [1988], Prévot [1989], Kapitel C dieser Arbeit und Pospischil [1988]; zur Bundesrepublik Deutschland siehe: Regierungskommission Fernmeldewesen [1987], Bundesminister für das Post- und Fernmeldewesen [1988b] und Witte [1990].

20   Vgl. PostVerfG, §§ 1,2 und 5.

men. Diese Ministerien sind in beiden Fällen sowohl für die Telekommunikation als auch für die Postdienste zuständig. Jede dieser Regulierungsinstitutionen ist als Ministerium noch fest in die politische Sphäre eingebunden und kann nicht als unabhängige Regulierungsinstitution begriffen werden,[21] wie das beim OFTEL der Fall ist.[22] Hier tauchen die grundsätzlichen Differenzen zwischen dem angelsächsischen 'Lager' und dem kontinentalen 'Lager' auf.[23] Die kontinentale Politische Ökonomie folgt zwar der Entwicklung des Telekommunikationssektors durch die Trennung von Hoheit und Betrieb, doch sie entläßt die hoheitliche Funktion der Regulierung nicht aus dem politischen Raum. Dagegen führt die angelsächsische Ökonomische Politik den Telekommunikationssektor aus dem politischen Raum und unterstellt ihn lediglich einer wettbewerbspolitischen Kontrolle.

Allerdings existieren unabhängig von der gemeinsamen Grundkonzeption der Regulierungsinstitutionen in Frankreich und der Bundesrepublik Deutschland Unterschiede in der Ausübung der Regulierungsfunktion. In der Bundesrepublik Deutschland wird durch das BMPT (Bundesministerium für Post und Telekommunikation) ein besonders deutlicher Bruch zwischen Regulierten und Regulierer vollzogen, der in Frankreich undenkbar ist. Dort verfolgen das Ministerium und die France Télécom eher einen gemeinsamen Weg als einen Kurs der offenen Konflikte. Während also in der Bundesrepublik Deutschland

---

21   Die Situation in Frankreich wird durch folgende Analyse deutlich: "Dans la tradition française de l'Etat unitaire et de la démocratie représentative, telle que l'exprime l'article 20 de la Constitution de la Ve République, le gouvernement, responsable devant l'Assemblée, <<dispose>> de l'administration, qui lui est subordonnée. Il n'est donc pas de place pour l'independance d'une autorité administrative. De surcroit, l'article 21 de la Constitution attribue le pouvoir règlementaire au Premier ministre lequel ne peut le déléguer que dans d'étroites limites." (Cohen-Tanugi [1990], S. 30.) Die Situation in der Bundesrepublik Deutschland wird in folgender Kritik des Poststrukturgesetzes deutlich: "Ja noch mehr, der Minister soll die Rolle einer unparteiischen Regulierungsinstanz übernehmen (...). Die dabei unterstellte Auflösung einer Interessensidentifizierung von Minister und Telekom ist nicht nachvollziehbar (..). In Kategorien des Gesellschaftsrechts formuliert: Der Minister ist unverändert Konzernchef von Telekom. Daß man die Einrichtung einer unabhängigen Regulierungsinstanz (..) damit abgelehnt hat, dürfte der gravierendste Mangel der geplanten Neustrukturierung sein. Denn dies verbaut zukünftige Entwicklungen. Institutionalisiert sozusagen den Bock zum Gärtner machen, erscheint als eine bemerkenswerte legislative Fehlleistung." (Möschel [1989], S. 176f.)

22   Siehe dazu die Ausführungen des stellvertretenden Direktors von OFTEL: Wigglesworth [1989], S. 190f.

23   Vgl. Steger [1978], S. 189ff.

die Trennung von Hoheit und Betrieb abrupt vollzogen wird, geht der Trennungsprozeß in Frankreich eher allmählich vonstatten.

Der dritte Schritt, die Herstellung der rechtlichen Selbständigkeit der ehemaligen Fernmeldeverwaltung, ist wiederum in Großbritannien am weitesten fortgeschritten, wo die British Telecom seit 1984 als privatrechtliches Unternehmen mit einer privaten Mehrheitsbeteiligung (51%) existiert. In Frankreich wird die France Télécom seit 1991 als öffentlich-rechtliches Unternehmen geführt und in der Bundesrepublik ist die Telekom bis heute eine öffentliche Verwaltung geblieben. Gleichwohl ist in allen drei Fällen ein mehr oder weniger direkter Durchgriff des Staates auf die abgetrennten Unternehmen möglich. In Großbritannien ist das am schwersten, denn der Staat kann zwar mit seinen 49% Kapitalanteil[24] wohl ohne Probleme noch 1% plus eine Stimme auf seine Seite ziehen, doch er wird sich im Konfliktfall gegen die privaten Aktionäre nur schwer vor der Öffentlichkeit durchsetzen können. In Frankreich ist das schon leichter, da auf die France Télécom mittelbar über den Planvertrag und das Pflichtenheft Einfluß genommen werden kann. In der Bundesrepublik Deutschland kann das BMPT unmittelbar in die Geschäftsführung der Telekom mittels einer Verwaltungsanweisung eingreifen.

Nach der Behandlung der institutionellen Veränderungen in den drei Ländern soll nun die Regulierung des Marktzutritts untersucht werden. Der Zutritt zum Telekommunikationsmarkt wird sehr unterschiedlich geregelt, insbesondere für die strategisch wichtigen Übertragungswege und den wirtschaftlich bedeutenden Fernsprechdienst. Im einzelnen gelten die folgenden Regelungen:

a)   Lediglich in Großbritannien gibt es mehr als einen Anbieter von Übertragungswegen für Zwecke der Individualkommunikation. Mit Zulassung von Mercury als zweiten Netzanbieter hat die British Telecom ihr Ausschließlichkeitsrecht auf diesem Gebiet verloren. Nach dem sogenannten Duopoly-Review Ende 1990 kann nunmehr davon ausgegangen

---

24   Darüber hinaus hält die britische Regierung noch eine sogenannte 'special share', die ihr besondere Rechte, vor allem ein Vetorecht bei bestimmten Satzungsänderungen, einräumt. (Vgl. Heuermann / Neumann [1985], S. 175)

werden, daß weitere Netzbetreiber in Großbritannien lizenziert werden sollen.

b)   Der Zutritt zum Markt für Transportdienste, namentlich der Wiederverkauf von Kapazität von Übertragungswegen, ist in Großbritannien und in der Bundesrepublik Deutschland seit 1989 unbeschränkt möglich. In Frankreich ist der Zutritt zum Markt für Transportdienste nur beschränkt möglich und der Wiederverkauf von Kapazität von Übertragungswegen bis Ende 1992 nicht erlaubt.

c)   Auch für den Fernsprechdienst gilt, daß nur in Großbritannien das Monopol durch die Zulassung von Mercury aufgehoben wurde. Mercury bietet seit 1986 einen Fernsprechdienst an. Für den Fernsprechdienst ist ebenfalls mit einer Lizenzierung weiterer Anbieter in Großbritannien zu rechnen.

d)   Der Zutritt zum Markt für die Verbreitung von Radio- und Fernsehprogrammen, insbesondere über Kabelnetze, ist in Großbritannien der British Telecom versagt, in Frankreich benötigt die France Télécom dafür eine Lizenz und in der Bundesrepublik verfügt die Telekom für diesen Bereich über ein Ausschließlichkeitsrecht.

e)   Der Zutritt zum Markt für Mehrwertdienste, die auf Übertragungswegen basieren, wurde de jure in Großbritannien 1982 möglich, in Frankreich 1987 und in der Bundesrepublik Deutschland 1989. De facto wurden aber vor allem in Frankreich und der Bundesrepublik Deutschland auch schon vor diesen Zeitpunkten Anbieter toleriert.

f)   Der Wettbewerb im Mobilfunkmarkt ist in Großbritannien am stärksten ausgeprägt. Dort existieren jeweils mindestens zwei Anbieter für den Mobiltelefondienst, den Funkrufdienst, den Bündelfunkdienst und den Telepointdienst. Die beiden Anbieter für den Mobiltelefondienst starteten bereits 1985 mit ihren analogen Systemen. Demnächst werden drei weitere Funktelefondienste auf der Basis der digitalen PCN-Technik ihren Betrieb aufnehmen. In Frankreich existiert Wettbewerb in den Bereichen Funktelefondienst, Funkrufdienst und Bündelfunk. Der Wettbewerb im analogen Funktelefondienst begann 1989 mit der Aufnahme des Betriebs eines Konkurrenten der France Télécom. Auch für den künftigen Funktelefondienst in digitaler Technik sind zwei Wettbewerber zugelassen. In der Bundesrepublik Deutschland wird der Wettbewerb im Mobilfunkmarkt erst mit der Inbetriebnahme der beiden digitalen Funktelefondienste in der zweiten Hälfte des Jahres 1991 beginnen. Später wird dann der Wettbewerb auf den Funkrufdienst und den Bündelfunk ausgedehnt werden.

g)   Der Zutritt zum Markt für Endgeräte, insbesondere das Angebot des Fernsprechapparates am einfachen Hauptanschluß ist in Großbritannien seit 1985, in Frankreich seit 1986 und in der Bundesrepublik Deutschland seit 1990 möglich.

In dem nachfolgenden Schaubild werden die wesentlichen Informationen, die oben dargelegt wurden, zu Länderprofilen verdichtet. Auf der Abszisse wird dabei die Zeit abgetragen. Auf der Ordinate werden die wesentlichen Ereignisse abgetragen, die mit der Liberalisierung des Telekommunikationssektors einhergehen. Dabei werden die institutionellen und regulatorischen Reformschritte aufeinander aufbauend angeordnet. Unten stehen die zuerst vollzogenen Liberalisierungsschritte und oben die zuletzt eingetretenen. Das idealtypische Muster, das durch einen stetigen Wandel bedingt wäre, würde eine Diagonale von links unten nach rechts oben ergeben.

Das Schaubild deckt auf, daß es in Großbritannien in den 25 Jahren einen relativ stetigen Wandel im Telekommunikationssektor gegeben hat, der dem Wandel in den beiden anderen Staaten deutlich voraus ist. Für Frankreich weist das Schaubild nach einem frühen Beginn einen langen Zeitraum des Stillstandes aus, der von einer raschen und stetigen Veränderung aufgehoben wird. Für die Bundesrepublik Deutschland zeigt sich ein vollkommen von den beiden anderen abweichendes Profil, nämlich ein abrupter Bruch um das Jahr 1990.

Der Stillstand in der Bundesrepublik Deutschland und in Frankreich ist durch politische Blockaden einer Umgestaltung des Fernmeldewesens in den siebziger Jahren erzeugt worden. Diese Blockade wurde sowohl in Frankreich[25]

---

25   Vgl. Libois [1983], S. 244.

Schaubild E.1.2: Regulierungsprofile in Europa

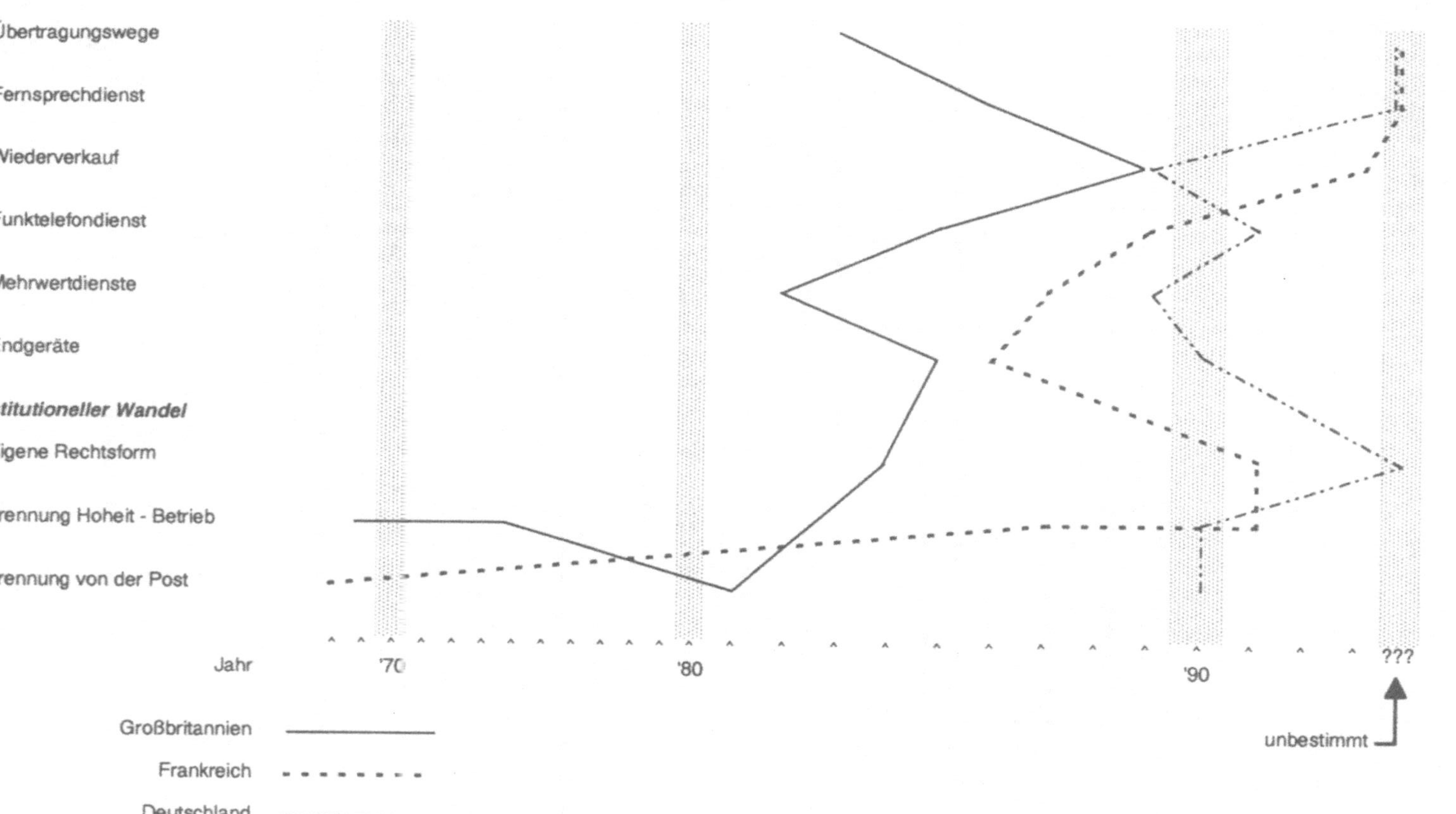

als auch in der Bundesrepublik Deutschland[26] durch die gewerkschaftlich organisierte Gegenmacht der Beschäftigten der beiden öffentlichen Verwaltungen gegen die Reformvorhaben der Regierungen erzeugt. Als zu Beginn der achtziger Jahre die Reformprozesse in Großbritannien, Japan[27] und den USA[28] einsetzten, war man in der Bundesrepublik Deutschland[29] und in Frankreich[30] vornehmlich mit medienpolitischen Fragen beschäftigt und ließ vorrangig Wettbewerb im bislang von öffentlich-rechtlichen Anstalten beherrschten Fernsehmarkt zu. Die politisch brisante Reform des Telekommunikationssektors nahmen sich die Regierungen in Frankreich und der Bundesrepublik Deutschland erst zu dem Zeitpunkt wieder vor, als über den Druck durch die Reformen im Ausland und die angekündigten Vorgaben durch die EG ein für alle evidenter Handlungsbedarf sichtbar wurde und damit die Durchsetzungsmöglichkeit gegenüber den Gewerkschaften stieg.

Die erneute Befassung der Regierung mit einer Reform des Telekommunikationssektors setzte in Frankreich und in der Bundesrepublik Deutschland in etwa zeitgleich - Mitte der achtziger Jahre - ein. In der Bundesrepublik wurde zunächst eine Regierungskommission eingerichtet, nach deren Abschlußbericht[31] 1987 die Arbeit an einem Gesetzentwurf begann, der schließlich 1989 vom Bundestag verabschiedet wurde. Die Gesetzesänderungen traten bzw. treten sukzessiv zum 1.7.1989, 1.1.1990 und später in Kraft. Obwohl der für die Telekommunikation zuständige Minister in der Bundesrepublik Deutschland auch schon vor der Gesetzesreform durch seine diskretionären Entscheidungskompetenzen die Möglichkeit gehabt hätte, im Sinne der späteren gesetzlichen Regelung Tatsachen zu schaffen, zum Beispiel durch eine Reorganisation der Deutschen Bundespost, ging er diesen Weg nicht. Mit dem Gesetz erfolgte ein Bruch, der in dem Schaubild deutlich wird.

---

26   Vgl. Bundesminister für das Post- und Fernmeldewesen [1988a], S. 13ff.

27   Vgl. Neumann [1987b].

28   Vgl. Wieland [1985].

29   Vgl. Schwarz-Schilling [1982].

30   Vgl. Simon [1990].

31   Vgl. Regierungskommission Fernmeldewesen [1987].

Ein solch radikaler Bruch wurde in Frankreich durch den für die Telekommunikation zuständigen Minister dadurch vermieden, daß er ab Mitte der
achtziger Jahre, gestützt auf seine diskretionäre Entscheidungsgewalt, Maßnahmen zur Überleitung in die spätere Verfassung einleitete, zum Beispiel
durch die Schaffung einer Organisationseinheit für Regulierungsfragen in seinem Ministerium, oder vorwegnahm, zum Beispiel die Liberalisierung des
Endgerätemarktes.

2. Struktur des französischen Regulierungsmodells

2.1. Funktion des Wettbewerbs

Der Wettbewerb im Telekommunikationssektor, namentlich im Bereich der Netze und Dienste, ist in Frankreich wie in Großbritannien und der Bundesrepublik Deutschland eine Erscheinung, die in den achtziger Jahren ihren Anfang nimmt. Im vorhergehenden Abschnitt wurde aufgezeigt, daß die Bereiche, die dem Wettbewerb geöffnet wurden, weder vom Zeitpunkt her gesehen noch vom Inhalt her übereinstimmen. Dabei wurde deutlich, daß Großbritannien den Zutritt zu den zuvor monopolistischen Märkten vor den beiden anderen Staaten ermöglicht hat. Die Tatsache, daß ein Marktzutritt möglich ist, erlaubt aber a priori noch keine Rückschlüsse auf die Intensität des Wettbewerbs in dem relevanten Markt.

Bevor die Intensität des Wettbewerbs näher analysiert wird, soll noch einmal betont werden, daß in Frankreich der Wettbewerb im Fernsprechdienst und bei den wesentlichen Übertragungswegen für Zwecke der Individualkommunikation ausgeschlossen ist, da die France Télécom in diesen Bereichen über Ausschließlichkeitsrechte verfügt. Damit beträgt in Frankreich der Teil des Gesamtmarktes, der dem Wettbewerb grundsätzlich geöffnet ist, lediglich circa 10% bis 20%.[32] Neben dieser quantitativen Beschränkung bewirkt das Verbot für die Konkurrenten der France Télécom, selbst keine Übertragungswege als Vorprodukt für die im Wettbewerb anzubietenden Dienste herstellen zu dürfen, eine besondere Einschränkung. Während die France Télécom in ihrem Produktionsprozeß eine vertikale Integration realisieren kann, also auf ihrem eigenen (Monopol-)Netz Wettbewerbsdienste herstellen kann, dürfen das ihre Wettbewerber nicht.

Die Intensität des Wettbewerbs in einem Markt ist zunächst daran zu messen, wie groß die Zahl der Wettbewerber ist. Damit soll nicht behauptet werden, daß es keinen intensiven oder funktionsfähigen Wettbewerb geben kann, wenn nur wenige Wettbewerber miteinander konkurrieren.[33] Allerdings wird hier die Auffassung vertreten, daß bei einem freien Marktzutritt, wenn

---

32 Vgl. Kapitel B.3.

33 Zur optimalen Wettbewerbsintensität vgl. Kantzenbach [1967], S. 12ff.

also die Zahl der Wettbewerber unbestimmt ist, die Wettbewerbsintensität über der bei einem Wettbewerb mit beschränktem Marktzutritt liegt.

Der unbeschränkte oder freie Marktzutritt ist im Kontext der Gemeinschaftspolitik insbesondere für die Geschäftsfelder Transport- und Mehrwertdienste von Bedeutung. Hier zeigt sich, daß in Frankreich im Vergleich mit der Bundesrepublik Deutschland und Großbritannien erhebliche Beschränkungen für einen ungehinderten Marktzutritt bestehen. So existiert in Frankreich weder für die Transport- noch für die Mehrwertdienste ein unbeschränkter Zutritt für Anbieter. Es ist gleichwohl damit zu rechnen, daß die Beschränkungen für die Anbieter von Mehrwertdiensten, die in dem Mehrwertdienstedekret aus dem Jahr 1987 formuliert worden sind, nach der Verabschiedung des Gesetzes über die Regulierung der Telekommunikation schrittweise aufgehoben werden. Die Aufhebung wird vermutlich so vonstatten gehen, daß der Teil der Mehrwertdienste, der einen hohen Teil an Transportfunktionen enthält, zu Transportdiensten erklärt wird, und der Rest unbeschränkt angeboten werden darf. Damit verbliebe dann der Marktzutritt im Bereich der Transportdienste als Hauptgegenstand der Betrachtung der Regulierung des Marktzutritts.

Ein Vergleich der Regelungen in Frankreich und der Bundesrepublik Deutschland, die beide nur einen Anbieter für Übertragungswege zulassen, verdeutlicht die restriktiven Regelungen für das Angebot von Transportdiensten in Frankreich. Die drei wesentlichen Marktzutrittsbedingungen, die in Frankreich gelten,[34] nämlich

-   keine Gefährdung des öffentlichen Auftrags der France Télécom durch einen neuen Anbieter,

-   Festlegung eines Pflichtenheftes für den neuen Anbieter und

-   Verbot des einfachen Wiederverkaufs der Kapazitäten von Übertragungswegen bis Ende 1992

---

34   Vgl. Code des P. et T., Art. L 34-2; loi n° 90-1170 du 29.12.1990, Art. 22.

kennt das bundesdeutsche Telekommunikationsrecht nicht.[35] In der Bundesrepublik Deutschland kann jedermann Transportdienste anbieten und zwar
einschließlich des einfachen Wiederverkaufs der Kapazitäten von Übertragungswegen, die er bei der Deutschen Bundespost Telekom angemietet
hat.[36] In der Bundesrepublik Deutschland ist also ein Konkurrent der Deutschen Bundespost Telekom in der Lage, sich auf solche Marktsegmente zu
konzentrieren, in denen der öffentliche Anbieter durch Auflagen zur
Tarifeinheit im Raume handlungsunfähig ist. Das kann zu einem ineffizienten
Marktzutritt führen. Diese Behauptung wird im Anschluß an dieses Kapitel
im Anhang näher erläutert und begründet.[37] Zudem kann durch die Verpflichtung zur Tarifeinheit im Raum eine Fehlallokation von Ressourcen erfolgen.

Während das Risiko eines ineffizienten Marktzutritts durch die bundesdeutsche Regulierungsinstanz als gering eingeschätzt und davon ausgegangen
wird, daß sich neue Anbieter auf Dienste mit einer hohen Wertschöpfung
konzentrieren werden, wird die Fehlallokation von Ressourcen durch die Tarifeinheit im Raum bewußt in Kauf genommen, da damit positive externe
Effekte ('Infrastruktur') erzielt werden sollen. Das Risiko eines ineffizienten
Marktzutritts schätzt die Regulierung in Frankreich anders ein und muß diesen daher grundsätzlich beschränken. Diese Haltung ist eine notwendige Re-
aktion auf die bewußte Politik der inhärenten Subventionen in den relevanten Tarifen, die einen zusätzlichen Anreiz für einen ineffizienten Marktzutritt schaffen. Dagegen sind sich die bundesdeutsche und die französische
Regulierung einig, wenn es darum geht, über die Tarifeinheit im Raum zur
Förderung der Infrastruktur auch eine Fehlallokation von Ressourcen in Kauf
zu nehmen.

In Frankreich kann der (ineffiziente) Zutritt von Wiederverkäufern dadurch
unterbunden werden, daß in der Lizenz oder dem Pflichtenheft des Wieder-

---

35   Vgl. Fernmeldeanlagengesetz, § 1(4).

36   Für Transportdienste gilt in Frankreich wie in der Bundesrepublik Deutschland,
       daß sie nicht zur Übermittlung von Sprache für Dritte dienen, also den Fern-
       sprechdienst nicht substituieren dürfen. Der Fernsprechdienst darf sowohl in
       Frankreich als auch in der Bundesrepublik Deutschland nur von den öffentlichen
       Monopolisten France Télécom und DBP Telekom angeboten werden.

37   Siehe F.2.

verkäufers entsprechende Auflagen festgelegt werden. Das ist in der Bundesrepublik Deutschland nicht möglich. Nun ist der Zeitraum, in dem der einfache Wiederverkauf in Großbritannien und der Bundesrepublik Deutschland erlaubt ist, zu kurz, um eine erste Bilanz zu ziehen. Die Modellbetrachtung im Anhang zeigt, daß der einfache Wiederverkauf dann volkswirtschaftlich ineffizient ist, wenn der Wiederverkäufer die Leistungen zu einem Durchschnittspreis bezieht, der aus der Auflage der Tarifeinheit im Raum resultiert, und er diese Leistungen dann zu differenzierten Preisen weiterveräußert und dabei die Durchschnittspreise des Anbieters mit der Auflage der Tarifeinheit im Raum unterbieten kann.

Der Wettbewerb führt in diesem Fall also nicht zu einem volkswirtschaftlich sinnvollen Ergebnis. Deshalb wird in Frankreich diese Art des Wiederverkaufs durch Auflagen im Pflichtenheft ab 1993 eingeschränkt oder untersagt werden können. Bis Ende 1992 ist der Wiederverkauf auf jeden Fall verboten. Hätte man dagegen eine streng an den relevanten Kosten orientierte Tarifierung der im Monopol angebotenen Übertragungswege zugelassen und nicht eine nach dem Prinzip der Tarifeinheit im Raum vorgeschrieben, dann wären diese Marktzutrittsbarrieren für Anbieter von Transportdiensten überflüssig.

Darüber hinaus führt sowohl in Frankreich als auch in der Bundesrepublik Deutschland die Auflage der Tarifeinheit im Raum mit den obligaten Durchschnittspreisen zu falschen Informationen für den Kunden und damit zu Fehlallokationen bei der Entscheidung des Kunden. Solange die Durchschnittspreisphilosophie nicht aufgegeben wird, das heißt die Preise nicht entsprechend den relevanten Kosten gebildet werden, bleibt diese Verzerrung erhalten.

Die Möglichkeit des Marktzutritts im Bereich der Transportdienste, namentlich des einfachen Wiederverkaufs ab 1993, eröffnet nur einen sehr eingeschränkten Wettbewerb im Telekommunikationssektor Frankreichs, da wesentliche Parameter durch Regulierungsauflagen festgelegt werden, die sonst durch den Wettbewerb bestimmt werden.

In einem anderen Bereich, dem Mobilfunk, hat Frankreich den Wettbewerb früher zugelassen als die Bundesrepublik Deutschland. Doch eine Analyse der Bedingungen, unter denen der Wettbewerb stattfinden kann, zeigt, daß in Frankreich dieser Wettbewerb wesentlich stärker eingeschränkt ist als in der Bundesrepublik Deutschland. Das wird insbesondere im Funktelefondienst deutlich.

Die Zulassung eines Wettbewerbers zur France Télécom im Funktelefondienst könnte in zwei Richtungen wirken. Zum einen wäre damit zu rechnen, daß der Wettbewerb zwischen den beiden Anbietern zu sinkenden Preisen bei den Kunden und zu einer verbesserten Qualität des Dienstes führt. Zum anderen wäre zu erwarten, daß bei den im Vergleich zu den Kosten hohen Preisen der France Télécom für den ortsfesten Telefondienst in bestimmten Segmenten, die durch die Quersubventionierungen und die Sonderbelastungen der France Télécom entstehen, eine Substitution des ortsfesten durch den mobilen Telefondienst erfolgt.

Die erste Erwartung, nämlich die wettbewerbsbedingte Verbesserung der Qualität bei sinkenden Preisen, wurde bereits bei der Zulassung des Wettbewerbers teilweise enttäuscht. Dazu ist ein kurzer Rückblick auf das Jahr 1987 erforderlich. Damals lizenzierte die konservativ-liberale Regierung einen Konkurrenten zum analogen Funktelefondienst der France Télécom. Schon damals war offensichtlich, daß die zugewiesenen Frequenzen für die beiden analogen Systeme nicht ausreichen würden, eine Nachfrage zu befriedigen, wie sie zum Beispiel in Skandinavien oder Großbritannien von den Funktelefondiensten abgedeckt wird. Eine solche Nachfrage kann erst durch das digitale pan-europäische System in den neunziger Jahren befriedigt werden, da für dieses System dann ausreichend Frequenzen in Frankreich zur Verfügung stehen. Damit war von Beginn an ein Preiskampf für die beiden Diensteanbieter nicht angebracht, da sie ihre beschränkten Kapazitäten, die ein knappes Gut darstellen, zu schnell füllen würden. Der Wettbewerb wurde also auf die Qualität beschränkt. Hier hat der Wettbewerber der France Télécom einen deutlichen Vorsprung durch die Technik des NMT (Nordic Mobile Telephone), die weltweit am weitesten verbreitet ist und zudem gegenüber der auf den Einsatz in Frankreich beschränkten französischen Technik von Matra als ausgereifter gilt. Somit war zwischen den beiden Wettbewerbern nur ein partieller Wettbewerb zu erwarten, der keinen Einfluß auf das

Preisniveau in dem Markt haben konnte. Ob sich das nach der Vergabe der beiden Lizenzen für das digitale System an die France Télécom und die SFR, die auch das analoge System in Konkurrenz zur France Télécom betreibt, ändern wird, bleibt abzuwarten. Da bislang die Bedingungen für diese Lizenzen nicht im Detail veröffentlicht wurden, kann dazu gegenwärtig noch keine Bewertung vorgenommen werden.[38]

Die zweite Erwartung, die auf die Etablierung eines Substitutionswettbewerbs zwischen dem Funktelefondienst und dem ortsfesten Telefondienst spekuliert, muß ebenfalls als unrealistisch bezeichnet werden. Auch in diesem Fall wurde bei der Lizenzierung ein als wahrscheinlich geltender Wettbewerb ausgeschlossen. Das geschah dadurch, daß dem lizenzierten Anbieter vorgeschrieben wurde, daß er die von der France Télécom angemieteten Übertragungswege nur sehr restriktiv nutzen darf. Konkret heißt das, daß er die Übertragungswege nicht dazu benutzen darf, den Telefonverkehr parallel zu dem öffentlichen Netz der France Télécom zu führen und ihn dort ins Netz einzuspeisen, wo es für ihn am kostengünstigsten wäre. Er muß den Verkehr dort an das Netz übergeben und von ihm übernehmen, wo der mobile Teilnehmer seinen Standort hat.[39] Würde diese Auflage nicht existieren, könnte er das ortsfeste Netz der France Télécom so weit wie möglich umgehen und das Gespräch zu einem vergleichbaren Preis anbieten, wie er für das Festnetz gilt. Dieses Resultat wäre möglich, da, wie an anderer Stelle aufgezeigt,[40] die Tarife der France Télécom im Fernsprechdienst teilweise deutlich überteuert sind, weil sie erhebliche Lasten für die Quersubventionierung zu tragen haben. Doch auch hier führen die die Quersubventionierung verursachenden Auflagen, die France Télécom zu tragen hat, und die daraus resultierenden Einschränkungen für den zugelassenen Funktelefonanbieter dazu, daß kein Wettbewerb zwischen dem ortsfesten und dem mobilen Telefondienst entstehen kann. Darüber, ob es zwischen dem ortsfesten und dem mobilen Telefondienst Substitutionseffekte bei einer an den Kosten und nicht an regulatorischen Auflagen orientierten Tarifierung einen Substitutionswettbewerb geben kann, besteht in der Fachwelt keine Einigkeit.[41]

---

38   Vgl. Lestrade [1987] und Pospischil [1988], S. 50ff.

39   Vgl. Ministère des P. et T. / MRG [1987].

40   Siehe Punkt B.2.3. zur Quersubventionierung im und durch den Fernsprechdienst.

41   Vgl. Hooper [1989].

Klar ist, daß in Teilbereichen Substitutionseffekte auftreten können. Während diese Substitutionseffekte in Großbritannien und in der Bundesrepublik Deutschland durch die Regulierung gefördert werden, gilt das für Frankreich nicht. In der Bundesrepublik Deutschland geht die Regulierung im Gegensatz zu Frankreich den Weg, die Substitution durch eine Erhöhung der Tarife für den nicht-mobilen Telefondienst über Auflagen und eine bevorzugte Behandlung für die beiden mobilen Funktelefondienste in digitaler Technik zu befördern.[42]

Zusammenfassend kann gesagt werden, daß sich in der Bundesrepublik Deutschland und Frankreich zwei wesensverschiedene Regulierungsmodelle gegenüberstehen, die Konkurrenz in Teilbereichen des Telekommunikationsmarktes zu organisieren. In beiden Ländern sind die öffentlichen Betreiber sowohl für das Telekommunikationsnetz zum Zweck der Individualkommunikation als auch für den ortsfesten Fernsprechdienst mit einem Monopol ausgestattet, das zur Erfüllung eines öffentlichen Auftrags dient. Doch während in Frankreich in zentralen Marktsegmenten, insbesondere den Transportdiensten und dem Mobilfunk, ein Wettbewerber nur zugelassen wird, wenn er dem öffentlichen Auftrag der France Télécom nicht zuwider handeln wird, wird der Wettbewerb in der Bundesrepublik Deutschland nicht in dieser Art und Weise eingeschränkt. Der Wettbewerb dient vielmehr mittelbar dazu, auch Monopolbereiche der Deutschen Bundespost Telekom auszuhöhlen und damit mittelfristig das Monopol für das Netz und den Fernsprechdienst aufzuheben, also eine Entwicklung hin zum britischen Modell zu befördern, das weder ein Netz- noch ein Fernsprechmonopol kennt. Frankreich nimmt insgesamt eine eher defensive Haltung gegenüber den Liberalisierungsbemühungen der EG auf dem Telekommunikationsmarkt ein, das heißt die französische Politik vollzieht das unabdingbar Notwendige nach und geht nicht wie andere in die Vorlage.

Frankreich, das im Telekommunikationssektor über ein enormes wirtschaftliches und technologisches Potential verfügt, ist nicht bereit, dieses Potential der Logik der Kräfte des Marktes zu unterwerfen, wie das in Großbritannien

---

42   Diese Behauptung mag zunächst als gewagt erscheinen, da sie nicht explizit aus
      dem bundesdeutschen Telekommunikationsrecht abzuleiten ist. Doch die Ausle-

oder der Bundesrepublik Deutschland geschieht. Damit nimmt die französische Telekommunikationspolitik letztendlich für sich in Anspruch, den Sektor besser steuern zu können als die 'unsichtbare'[43] Hand des Marktes oder den Sektor anders steuern zu wollen. Dieser Anspruch manifestiert sich nicht nur in den jetzt geltenden Gesetzen, die durch eine Mitte-Links-Mehrheit im Parlament zustande kamen, sondern er war auch in dem Gesetzentwurf der konservativ-liberalen Regierung von 1987 enthalten.[44]

Dieser wirtschaftspolitische Ansatz ist auch nicht spezifisch für den Telekommunikationssektor gültig oder auf die achtziger Jahre beschränkt. Selbst der in Frankreich als besonders liberal geltende Premierminister Barre verfolgte diesen Ansatz in seiner Regierungszeit.[45] Dieser Ansatz ist ein wesentliches Element des französischen Wirtschaftsstils,[46] der sich über einen langen Zeitraum herausgebildet hat.

Insbesondere zwei Eigenheiten sind dabei von Bedeutung. Die erste und offensichtlichere besteht darin, daß die Politik das Primat über die Ökonomie hat.[47] Die zweite und weniger offensichtlichere wird durch den im internationalen Vergleich beachtlichen Konsens zwischen Regulierer und Reguliertem gebildet. Dieser Konsens mag zunächst überraschen, da an dieser Stelle Interessengegensätze aufeinanderprallen sollten. Doch hier wird die Verflechtung von Politik, Verwaltung und Unternehmen, die durch das französische Ausbildungssystem erzeugt wird,[48] noch verstärkt, da Regulierer und Regulierte bislang gemeinsam an einem Strang im für die Telekommunikation zuständigen Ministerium zogen.

---

gung der spezifischen Gesetze, die alleine dem BMPT obliegt und die daraus resultierende Regulierung lassen diesen Weg deutlich erkennen.

43   Diese Vereinfachung drückt nichts anderes aus, als daß mehr Wettbewerb im Telekommunikationssektor das Vertrauen in die freien Kräfte des Marktes widerspiegelt, für deren Wirken das Bild der unsichtbaren Hand steht. Tatsächlich bedeutet Regulierung das Eingreifen einer mehr oder weniger 'sichtbaren Hand' in den Markt, wie das unter Punkt A.3. aufgezeigt wurde.

44   Vgl. Pospischil [1988], S. 65ff.

45   Vgl. Piore / Sabel [1985], S. 262ff.

46   Vgl. Ammon [1989].

47   Vgl. ebenda, S. 116ff.

48   Vgl. ebenda, S. 158ff.

2.2. Funktion der France Télécom

Im vorangehenden Abschnitt wurde aufgezeigt, daß der Wettbewerb im französischen Telekommunikationssektor nicht die Regel ist, sondern die begründete Ausnahme. Die France Télécom genießt als der einzige Anbieter von Übertragungswegen und des Fernsprechdienstes und als Anbieter mit einer marktbeherrschenden Stellung[49] zumindest in den Bereichen Transportdienste, Rundfunk und Mobilfunk eine überragende Position. Diese Stellung bietet der France Télécom die Basis zur Ausfüllung der ihr zugedachten Aufgaben. Diese gehen teilweise über das hinaus, was explizit in den Rechtsnormen formuliert ist. Sie entspringen den politischen Imperativen der Regierung und der traditionellen Industriepolitik des französischen Staates.

Die erste Aufgabe der France Télécom ist es, einen 'service public' bereitzustellen. Obwohl eine exakte Definition des 'service public' unmöglich erscheint, sind zwei Kriterien zur Eingrenzung hilfreich: "Un critère matériel: il faut que l'activité offerte réponde à un besoin d'interêt général. Un critère organique: il faut que l'activité soit prise en charge par une personne publique."[50] Obwohl sich das zweite Kriterium seit den sechziger Jahren weitgehend überlebt hat,[51] wurde es im Fall der Telekommunikation durch den Staat immer wieder als entscheidendes Kriterium angeführt. Doch nunmehr, nach den neuen gesetzlichen Regelungen tritt neben das zweite Kriterium das erste. Damit ist eine Basis dafür geschaffen, daß das materielle Kriterium schließlich das institutionelle Kriterium verdrängen könnte. Bislang, ohne eine genaue Definition dessen, was den 'service public' ausmacht, konnte lediglich dargelegt werden, daß die France Télécom einen 'service public' bereitstelle, ohne ihn zu definieren. Erst als der inhaltlich bislang weitgehend undefinierte 'service public' im Telekommunikationssektor durch die Privatisierung seines Trägers bedroht war, wurde er definiert.

Jetzt wird auch deutlich, daß erst die Definition des 'service public' auf der Basis des 'interêt général' die Möglichkeit geschaffen hat, Wettbewerb in wesentlichen Bereichen des Telekommunikationssektors einzuführen. Deshalb

---

49 So ist nach dem EG-Recht eine marktbeherrschende Stellung dann gegeben, wenn zumindest 40% Marktanteil gehalten werden.

50 Lasserre [1987], S. 153.

muß ein Wettbewerber, der Funknetze in Konkurrenz zur France Télécom betreiben will, einen Dienst anbieten, der im allgemeinen Interesse liegt ('intérêt général') und darf keinesfalls die Aufgaben der France Télécom zur Erfüllung des 'service public' bedrohen.[52] Das bedeutet aber auch, daß die France Télécom die gesetzlich vorbestimmte Institution ist, wenn es darum geht, einen 'service public' auszufüllen. Ob der Schutz, den sie vor Konkurrenten durch ihre Aufgaben im Rahmen der Erfüllung des 'service public' genießt, erforderlich oder gerechtfertigt ist, kann erst dann beantwortet werden, wenn die Aufgaben mit ihren finanziellen Auswirkungen bekannt sind. Doch schon jetzt kann festgestellt werden, daß die France Télécom damit zwar vor Konkurrenten geschützt wird, aber auch zu Aufgaben durch die Politik gezwungen werden kann, die sie nicht will.

Ein Vergleich mit den USA zeigt, daß die aus der Privatinitiative entwickelte Konzeption des 'universal service' zunächst einen ähnlichen Weg eingeschlagen hat, als es darum ging, einen flächendeckenden und einheitlichen Telefondienst einzuführen. So versuchten die in der AT&T zusammengefaßten Gesellschaften von Beginn an durch die staatliche Regulierung vor Konkurrenz geschützt zu werden, da sie einen 'universal service' anboten.[53] Inzwischen ist dieser Schutz jedoch für bestimmte Marktsegmente aufgehoben worden, namentlich den Fernverkehr. Das ist aber genau der Bereich, in dem die France Télécom die Gewinne für die Finanzierung der Auflagen des 'service public' erzielt. Die aus dem 'intérêt général' abgeleitete Aufgabe des 'servive public' ist also konstitutiv für Marktzutrittsbeschränkungen.

Die zweite Funktion der France Télécom ist es, die Industriepolitik der Regierung zu unterstützen. Dabei hat sich die Unterstützung nicht nur auf die Telekommunikationsindustrie zu konzentrieren, sondern kann auch andere Bereiche der Elektronikindustrie ('filière électronique') erfassen. Eine Ausweitung der traditionellen industriepolitischen Kompetenz auf die Bereiche Datenverarbeitung und Bürokommunikation geschah 1984 als der Industrieminister keine Mittel mehr für die Förderung der gesamten Elektro-

---

51   Vgl. ebenda, S. 153f.

52   Siehe D.1.2.5.

53   Vgl. Dordick [1990], S. 228ff.

nikindustrie hatte.[54] Ob nun die Führung der France Télécom die Politik verfolgt, ihre Industriepolitik wieder auf die Telekommunikationsindustrie zu reduzieren, bleibt abzuwarten. Es ist jedoch durch das Gesetz über die Organisation des öffentlichen Post- und Fernmeldewesens[55] und durch das Pflichtenheft[56] der France Télécom eindeutig festgelegt, daß die France Télécom eine industriepolitische Aufgabe zu bewältigen hat und dabei nicht auf die Telekommunikationsindustrie alleine fokussiert ist.

Im wesentlichen setzt die France Télécom drei Instrumente für die Industriepolitik ein, nämlich

-     die Förderung von Forschung und Entwicklung,

-     die Beschaffungspolitik und

-     die internationalen Aktivitäten.

Die Förderung von Forschung und Entwicklung wird von der France Télécom durch eigene Einrichtungen, insbesondere im CNET, und durch die Vergabe von bezahlten Entwicklungsaufträgen an die französische Industrie betrieben. Die Politik der France Télécom hat dazu geführt, daß die französische Telekommunikationsindustrie lediglich 40% der Aufwendungen für Forschung und Entwicklung selbst finanzieren muß, die verbleibenden 60% werden durch die France Télécom finanziert oder in ihren Einrichtungen durchgeführt.[57] Darüber hinaus gibt es noch institutionelle Verflechtungen und die Weitergabe von Know-how und Patenten zwischen der France Télécom und der französischen Telekommunikationsindustrie, von denen die Industrie profitiert. Damit leistet die France Télécom im internationalen Vergleich den relativ höchsten Beitrag für die nationale Industrie. Absolut wird der Beitrag nur durch die Netzbetreiber in den USA und Japan übertroffen.[58] Die Politik

---

54   Vgl. Le Bolloch-Puges [1989], S. 101 ff.

55   Vgl. loi n° 90-568 du 2.7.1990, Art. 4.

56   Vgl. décret 90-1213 du 29.12.1990, Cahier des charges, Art. 18 bis 21.

57   Vgl. Schnöring/Gupp [1990], S. 16.

58   Vgl. ebenda, S. 25

der France Télécom im Bereich von Forschung und Entwicklung steht vor zwei Herausforderungen.

Die erste Herausforderung ist es, dafür zu sorgen, daß die France Télécom auch künftig die Mittel für die Förderung der nationalen Industrie zur Verfügung stellen kann. Das wird sie nur dann leisten können, wenn ihr dafür von der Regulierung entsprechende Preiszuschläge auf ihre Monopolprodukte zugestanden werden. Durch die Regelungen im Gesetz und im Pflichtenheft der France Télécom sind diese Zuschläge grundsätzlich abgedeckt worden.[59]

Die zweite Herausforderung besteht in einer inhaltlichen Neuorientierung der Forschungs- und Entwicklungspolitik der France Télécom. Bislang war die Förderpolitik vor allem auf die Bedürfnisse der France Télécom ausgerichtet und berücksichtigte allenfalls in zweiter Linie die Anforderungen auf ausländischen Märkten. Damit wurde die Tendenz gefördert, eine Technik für Frankreich zu entwickeln und nicht für den Weltmarkt, der letztlich das Ziel der französischen Industrie ist. Die Notwendigkeit, eine solche Neuorientierung weg vom 'marché captif' Frankreich hin auf den europäischen Binnenmarkt und den Weltmarkt vorzunehmen, scheint sich in der France Télécom durchzusetzen.[60] Den Wettbewerbsvorteil, den die französische Telekommunikationsindustrie dadurch erfahren würde, stellt insbesondere den größten deutschen Hersteller von Telekommunikationsgütern, Siemens, der in vielen Märkten mit der französischen Telekommunikationsindustrie konkurriert, vor Probleme.[61]

Das zweite Instrument, das die France Télécom für ihre industriepolitische Mission einsetzt, ist die Beschaffungspolitik. Nun gibt es für diesen Bereich keine expliziten gesetzlichen Vorgaben oder Regelungen im Pflichtenheft, da eine Beschaffungspolitik nach dem Motto 'achetez français' vor den grundlegenden Regelungen der Europäischen Gemeinschaft keinen Bestand haben könnte. Tatsächlich ist es aber nur einem nennenswerten ausländischen Her-

---

59   Vgl. loi n° 90-568 du 2.7.1990, Art. 4, décret 90-1213 du 29.12.1990, Cahier des charges, Art. 19.

60   Vgl. Schmoch [1990], S. 314.

61   Vgl. Schnöring / Grupp [1990], S. 72; Bundesminister für Forschung und Technologie / Bundesminister für Wirtschaft [1989], S. 104.

steller gelungen, bedeutende Aufträge von der France Télécom zu erhalten. Lediglich die französischen Tochtergesellschaften des holländischen Philips-Konzerns zählen zu den Hauptlieferanten der France Télécom. Philips ist der einzige ausländische Hersteller, der die industriepolitischen Aktionen zur 'Französisierung', die unter Giscard d'Estaing und Mitterrand durchgeführt wurden, überlebt hat.

Die französischen Tochtergesellschaften von Philips, ITT (International Telephone and Telegraph) und Ericsson, die zu Beginn der siebziger Jahre immerhin 60% Marktanteil bei der Vermittlungstechnik und 66% bei der Übertragungstechnik aufwiesen, wurden durch die Drohung des Entzugs von Aufträgen der staatlichen Fernmeldeverwaltung gezwungen, ihre Aktivitäten französischen Gesellschaften zu übertragen. So sank der Marktanteil ausländischer Anbieter bei der Übertragungstechnik von 66% auf 7% und bei der Vermittlungstechnik von 60% auf zunächst 20% und nach der Nationalisierung der ITT-Tochter CGCT (Compagnie Générale de Constructions Téléphoniques) zu Beginn der achtziger Jahre auf 0%.[62] Lediglich die Tochtergesellschaften von Philips überlebten, wobei die TRT hervorzuheben ist, die eine starke Stellung in der Übertragungstechnik einnimmt.

Wie weit der industriepolitische Arm des Staates reicht, zeigt ein Blick auf die Beschaffungspolitik des größten Konkurrenten der France Télécom, der SFR, die den zweiten Funktelefondienst anbietet. Als die konservativ-liberale Regierung 1987 die Lizenz vergab, wurde damit gleichzeitig Industriepolitik betrieben. Es durfte zwar eine ausländische Technik zum Einsatz kommen, die aber in Frankreich in einer Kooperation zwischen dem ausländischen Hersteller Nokia und dem französischen Hersteller Alcatel produziert werden mußte. Damit sollte sichergestellt werden, daß Frankreich nicht von einer ausländischen Technik abhängig wird.[63]

Die France Télécom hätte, wenn für sie nicht der implizite Grundsatz gelten würde, französisch zu kaufen, zwischen zwei Alternativen abzuwägen. Die erste Alternative wird durch die von der France Télécom getragenen

---

62 Vgl. Le Bolloch-Puges [1989], S. 31-34 und S. 85 ff.

63 Vgl. Pospischil [1988], S. 61 ff.

Aufwendungen für Forschung und Entwicklung bestimmt. Durch diese Aufwendungen hat die France Télécom die Funktionalitäten der Produkte mitbestimmt und Information über deren Qualität und Kosten gewonnen. Insofern verfügt die France Télécom über Einflußmöglichkeiten und Informationen, die sonst nur in einem vertikal integrierten Unternehmen existieren, wie zum Beispiel AT&T. Deshalb wäre es für die France Télécom wirtschaftlich fragwürdig, von einem Hersteller zu kaufen, den sie nicht gefördert hat.

Die zweite Alternative geht von einer Risikobetrachtung aus. Wenn sich die France Télécom nur an einen Hersteller bindet, wie das in der Vermittlungstechnik seit Mitte der achtziger Jahre der Fall ist, setzt sie sich der Gefahr aus, daß sie von dem einen Hersteller abhängig werden könnte. Deshalb beschaffen viele Unternehmen in der Regel von mehr als einem Hersteller. Wenn nun aber kein zweiter französischer Hersteller existiert, würde eine solche Beschaffungsstrategie der France Télécom in Konflikt mit der französischen Industriepolitik geraten. Auf die in der zweiten Alternative steckende Herausforderung hat die französische Industriepolitik wie folgt reagiert. Sie gestand der France Télécom die Zwei-Hersteller-Politik zu und schuf dafür ein Unternehmen im Rahmen der Privatisierung der verstaatlichten Unternehmen. Die vormals[64] im Eigentum der ITT befindliche CGCT wurde 1987 an Matra und Ericsson, einen der größten Hersteller von Telekommunikationsgütern mit Sitz in Schweden, verkauft. Das Gemeinschaftsunternehmen, das unter dem Namen MET (Matra-Ericsson Télécommunications) firmiert, weist zwar nur eine Beteiligung von 20% des schwedischen Partners auf, soll aber seine weltweit erfolgreiche Vermittlungstechnik in Frankreich produzieren und sowohl an die France Télécom verkaufen als auch in frankophone Länder exportieren.

Neben Ericsson hatten sich Siemens und AT&T um den Einstieg in den französischen Markt über die CGCT bemüht.[65] Ob die Vermittlungstechnik von MET tatsächlich im großen Umfang bei der France Télécom eingesetzt werden wird, ist bis jetzt unklar. In jedem Fall wird durch den Einstieg von Ericsson in den französischen Markt dem Marktführer Alcatel ein poten-

---

64   Die ITT-Tochter CGCT wurde 1982 nationalisiert. (Vgl. Le Bolloch-Pugues [1989], S. 62ff.)

65   Vgl. Le Bolloch-Puges [1989], S. 118.

tielles Gegengewicht bei der Vermittlungstechnik gegenübergestellt und im Bereich des Mobilfunks, in dem Ericsson besonders stark ist, dem französischen Hersteller Matra Know-how zugeführt.[66]

Das dritte Instrument, das die France Télécom zur Realisierung der ihr aufgegebenen Rolle im Rahmen der französischen Industriepolitik einsetzt, ist im strengen Sinne kein Instrument wie die beiden zuvor beschriebenen, sondern ein Bündel von Maßnahmen im Rahmen ihrer internationalen Aktivitäten. Das Gesetz zur Organisation des öffentlichen Post- und Fernmeldewesens erlaubt der France Télécom ausdrücklich die Internationalisierung ihrer Aktivitäten.[67] Damit schreibt das Gesetz nicht nur das fest, was die France Télécom selbst oder ihre Tochtergesellschaften, insbesondere die Weiterentwicklung der Tätigkeiten der FCR aus dem Kolonialzeitalter, schon bisher ausführten, sondern weist der France Télécom einen neuen Aufgabenbereich zu. Das wird besonders deutlich, wenn man das deutsche mit dem französischen Gesetz vergleicht. Für die DBP Telekom existiert zwar eine solche Aufgabenzuweisung ansatzweise, doch die DBP Telekom kann als Bundesverwaltung im Ausland selbst nicht aktiv werden und ist bei ihrer Tätigkeit gehalten, die im Grundgesetz durch Artikel 87 vorgegebenen Restriktionen einzuhalten.[68]

Die forcierte Internationalisierung der France Télécom ist nach dem Willen des französischen Gesetzgebers und der Regierung nicht Selbstzweck, sie erwächst also nicht aus dem alleinigen Gewinnstreben der France Télécom, sondern erfüllt eine industriepolitische Funktion. Die France Télécom soll durch ihre internationalen Aktivitäten, im wesentlichen sind das Kooperationen mit oder Beteiligungen an ausländischen Netzbetreibern und Diensteanbietern, den französischen Unternehmen ins Ausland folgen und die Selbständigkeit Frankreichs verteidigen ("la défense de l'autonomie nationale"[69]). Der erste Punkt bedeutet, die France Télécom soll sich das Geschäft nicht entgehen lassen, das französische Unternehmen im Ausland für internationale Netzbetreiber und Diensteanbieter offerieren. Damit soll der

---

66 Vgl. Schmoch [1990], S. 305 ff.

67 Vgl. C.2.1.

68 Vgl. PostVerfG, § 1.

Frankreich 'zustehende' Anteil am internationalen Geschäft abgesichert und das Vordringen von anderen internationalen Netzbetreibern und Diensteanbietern verhindert werden. Der zweite Punkt, die Sicherung der Selbständigkeit Frankreichs, bedeutet, daß die France Télécom an dem internationalen Wettlauf der großen Unternehmen des Telekommunikationssektors teilnehmen soll, der den Aufkauf von nationalen Telekommunikationsmonopolen und anderen lukrativen Beteiligungen zum Ziel hat. Dahinter steckt die Überzeugung, daß weltweit nur wenige große Unternehmen, seien es Netzbetreiber, Diensteanbieter oder Hersteller, als unabhängige Institutionen überleben können. Auch hier steht nicht der Gewinn an erster Stelle, sondern die nationale Selbständigkeit.

Natürlich ist durch die Industriepolitik eine Verquickung von Beteiligungen im Ausland und dem Verkauf von Produkten französischer Hersteller vorgesehen. Im Pflichtenheft der France Télécom wird das unter der Überschrift "Contribution à la promotion de l'innovation et de la technologie française à l'etranger" vorsichtig angedeutet.[70]

Was der Wandel von einem auf Frankreich konzentrierten zu einem international ausgerichteten Netzbetreiber und Diensteanbieter für die französische Industrie bedeutet, wird durch einen Vergleich der im politischen Raum entwickelten Strategien zu Beginn[71] und am Ende[72] der achtziger Jahre deutlich. Zu Beginn der achtziger Jahre war der Ansatz der, daß die France Télécom als Abnehmer der französischen Industrie den französischen Produkten zu ausreichenden Stückzahlen verhelfen und im Rahmen ihrer limitierten internationalen Tätigkeiten französische Hersteller fördern sollte. Im Ausland sollten sich die Niederlassungen oder Buros der France Télécom vom Schaufenster ('vitrine') der französischen Industrie zu einem von der France Télé-

---

69   Prévot [1989], S. 109.

70   Décret 90-1213 du 29.12.1990, Cahier des charges, Art. 19.

71   Vgl. dazu insbesondere die Ausarbeitungen im Rahmen der 'Mission Filière Electronique': Ministère d'Etat / Ministère de la Recherche et de la Technologie [1982]; Profit [1982].

72   Vgl. Prévot [1989], S. 107 ff.

com für sie angelegten kommerziellen Brückenkopf ('relais commerciale à l'exportation') entwickeln.[73]

Jetzt soll die France Télécom nicht mehr nur die Exportbasis der französischen Industrie, also den Heimmarkt in Frankreich, absichern und beim Verkauf ins Ausland helfen, sondern verstärkt im Ausland in französische Technik investieren. Daß die France Télécom dafür gut geeignet ist, zeigen zwei ihrer Neuerwerbungen aus dem Jahr 1990. Bei den wenigen bislang international ausgeschriebenen relevanten Objekten hat die France Télécom zweimal den Zuschlag erhalten, in Argentinien[74] und Mexiko.[75] Damit hat die France Télécom an den beiden bislang größten Ausschreibungen für eine Beteiligung an nationalen Monopolen im Telekommunikationssektor mit Erfolg teilgenommen. Aber auch die französische Industrie ist darauf durch Aufkäufe und Kooperationen aus den achtziger Jahren gut vorbereitet. Durch den Aufkauf der europäischen ITT-Töchter im Telekommunikationssektor von Alcatel im Jahr 1986 hat die französische Industrie ihre internationale Präsenz erheblich gesteigert, Know-how und Produktlinien zugekauft und das von ihr kontrollierte Geschäftsvolumen erheblich vergrößert. Über die Kooperation von Matra und Ericsson hat man darüber hinaus Zugang zu einem Know-how und Produkten gewonnen, die sich insbesondere in Ländern der Dritten Welt und Nischenmärkten hervorragend verkaufen.

Die dritte Funktion der France Télécom besteht darin, eine besondere Einnahmequelle für den Staat zu sein. Diese Funktion wuchs der France Télé-

---

73   Vgl. Profit [1982], S. 83.

74   Die argentinische Telefongesellschaft ENTel, die bislang ganz Argentinien zu versorgen hatte, wurde in zwei Gesellschaften (Nord und Süd) unterteilt, die beide privatisiert wurden. An beiden Gesellschaften haben sich im November 1990 neben argentinischen US-amerikanische und westeuropäische Investoren beteiligt. Die Gesellschaft für den Norden wird von einer Holding kontrolliert, an der die France Télécom und die italienische STET je ein Drittel besitzen. Das letzte Drittel liegt in den Händen der argentinischen Pérez Companc und der US-amerikanischen J.P.Morgan. (Vgl. Barham / Dawkins / Fidler [1990]).

75   Die mexikanische Telefongesellschaft TELMEX wird seit Dezember 1990 durch ein Konsortium von drei Gesellschaften kontrolliert, der mexikanischen Grupo Carso (51%), der US-amerikanischen South Western Bell (24,5%) und der französischen FCR (24,5%), einer Tochtergesellschaft der France Télécom. Der mexikanische Partner wird für die Finanzierung verantwortlich sein, der US-Partner für das Marketing und die französische FCR für die Modernisierung des Netzes. (Vgl. Le Galès [1990]).

com erst relativ spät zu, zu dem Zeitpunkt nämlich, als sie die enormen finanziellen Belastungen des Aufholprogramms der siebziger Jahre allmählich abbauen konnte und dem französischen Staatshaushalt als Folge der expansiven Wirtschaftspolitik nach der Wahl Mitterrands zum Präsidenten hohe Finanzierungslücken drohten. Der Griff in die Kasse der France Télécom reichte nicht aus, es wurden sogar die Telefontarife zur Finanzierung des Staatsbudgets erhöht.[76] In der Folge entwickelte sich ein für Außenstehende schwer durchschaubarer Finanztransfer zwischen der France Télécom und dem Staat, entweder direkt oder indirekt. So wurden nicht nur direkte Zahlungen an den Staatshaushalt geleistet. Es wurden Programme des Staates zum Teil durch Gelder der France Télécom getragen (vor allem 'filière électronique'), es wurden Institutionen des Staates durch Zahlungen der France Télécom mitfinanziert (insbesondere das Raumfahrtforschungszentrum CNES) und Beteiligungen an der notleidenden verstaatlichten Industrie (Bull) erworben. Das führte zu starken finanziellen Belastungen der France Télécom, die ihre Überschüsse lieber ihren Kunden in der Form von Tarifsenkungen zurückgegeben hätte, als über ein zu hohes Tarifniveau potentielle Wettbewerber anzulocken oder zumindest massiver öffentlicher Kritik entgegenzusehen.

Die wechselnden Regierungen in der zweiten Hälfte der achtziger Jahre versprachen zwar alle eine Reduzierung der finanziellen Belastungen, handelten aber nicht danach. Ihre Politik bestand zunächst darin, die besonderen Lasten der France Télécom nicht mehr so deutlich in den Jahresabschlüssen erscheinen zu lassen. Diese unterlagen nicht wie die Abschlüsse privatrechtlicher Firmen bestimmten gesetzlichen Anforderungen. Dann wurde gegenüber der Öffentlichkeit erklärt, die Einführung der Mehrwertsteuer auf die Umsätze der France Télécom führe zu einer Reduzierung der finanziellen Belastung. Das galt aber nur für die Kunden der France Télécom, die den Vorsteuerabzug geltend machen können, da die Mehrwertsteuer nicht auf den bisherigen Preis aufgeschlagen wurde, sondern in den Preis eingerechnet wurde. Ein Geschäftskunde hatte also weiterhin den gleichen Betrag an die France Télécom zu zahlen, konnte aber die nunmehr darin enthaltene Mehrwertsteuer von 18,6% gegenüber der Finanzverwaltung als Vorsteuerabzug geltend machen. Für die France Télécom verbesserte sich aber die Situation

---

76   Vgl. Le Boucher [1984].

mit der Einführung der Mehrwertsteuer nicht, da weiterhin zusätzliche Ablieferungen an den Staat erhoben wurden und die France Télécom selbst nicht in den Genuß des vollen Vorsteuerabzugs kam.[77]

Jetzt, nach Einführung der neuen Finanzverfassung für die France Télécom ab dem 1. Januar 1991, ergibt sich eine Stabilisierung der Situation für die France Télécom. Es ist allerdings eine Stabilisierung auf hohem Niveau. Der Staat erhält von der France Télécom künftig jährlich einen Betrag, der rund einem Fünftel des Eigenkapitals entspricht.[78] Diese Ausschüttung ist jedes Jahr bis einschließlich 1993 vorzunehmen, unabhängig davon, ob der France Télécom nach der Ausschüttung noch ein Gewinn verbleibt oder nicht.

Ein Vergleich der Ausschüttungen von der DBP Telekom und British Telecom mit der von France Télécom zeigt, daß dieser Betrag, der sowohl den Charakter einer Dividende als auch den einer Gewinnsteuer aufweist, in etwa mit den von der British Telecom zu zahlenden Beträgen vergleichbar ist.[79] Obwohl die France Télécom im Vergleich zur British Telecom relativ zu ihrem Eigenkapital einen in etwa gleich großen Betrag zu zahlen hat, sind die Belastungen sehr verschieden. Die British Telecom hat im Gegensatz zur France Télécom keine kostspielige industriepolitische Rolle zu spielen, kann die Auszahlungen abhängig vom Gewinn gestalten und hat sie nicht wie die France Télécom in jedem Fall zu leisten. Gegenüber der DBP Telekom, die keine explizite Rolle im Rahmen einer staatlichen Industriepolitik ausfüllt, aber dafür Verluste der durch die Medienpolitik der Bundesregierung bedingten Investition in Breitbandverteilnetze (Kabelfernsehen) zu tragen hat und die Verluste ihrer Schwesterunternehmen Post und Postbank ausgleichen muß, fällt die Belastung höher aus. Allerdings ist die DBP Telekom auch nicht so rentabel wie die British Telecom oder France Télécom.

Die wettbewerbliche Ausnahmestellung der France Télécom erlaubt es dem französischen Staat also auch noch nach Erfüllung der kostspieligen Aufga-

---

77 Siehe unter Punkt C.2.5.

78 Siehe unter Punkt F.3.

79 Beide zahlten 1989 rund 4,5 Mrd. DM. Das entsprach jeweils etwa 20% des Eigenkapitals.(Vgl. F.3)

ben des 'service public' und der Industriepolitik aus der Monopolrente einen erheblichen Betrag abzuführen.

Insgesamt ist festzuhalten, daß die der France Télécom aufgetragenen Funktionen dazu führen, daß sie sich nicht wie ein normales Unternehmen, das vorrangig Gewinne erzielen will, verhalten kann. Dafür wird ihr durch die Regulierung, die wesentlich durch industriepolitische Überlegungen bestimmt wird, eine sichere Position gegenüber den grundlegenden Wettbewerbskräften auf dem französischen Markt eingeräumt.

F. ANHANG

Im Gegensatz zu den vorhergehenden Kapiteln stellt der Anhang keine inhaltlich und konzeptionell geschlossene Einheit dar. In ihm werden ausführliche Erläuterungen und Untersuchungen, die den Rahmen des Haupttextes gesprengt hätten, nachgetragen. Nachfolgend werden hier drei Themenkomplexe aufbereitet, die untereinander keine direkte Verbindung aufweisen. Die Lösung, sie in einem Kapitel als Anhang dem Haupttext beizufügen, wurde der Lösung, sie an das jeweils relevante Kapitel anzuhängen, vorgezogen, da der Hauptteil der Arbeit so kurz wie möglich gehalten werden sollte.

1. Kosten und Erlöse im Fernsprechdienst

Untersuchungen über Kosten und Erlöse im Fernsprechdienst sind der Öffentlichkeit in der Regel nicht zugänglich oder die Ergebnisse aus solchen Untersuchungen werden nur zum Teil veröffentlicht. Daten aus diesem Bereich besitzen eine gewisse Brisanz, da aus ihnen ersichtlich würde, wo und in welcher Höhe Gewinne aus Monopolen oder zumindest marktbeherrschenden Positionen anfallen. Eine solche Transparenz wäre für das Monopolunternehmen gefährlich, denn dann würden die Kunden Preise entsprechend den Kosten in den Bereichen fordern, in denen sie zu den Gewinnen beitragen. Deshalb veröffentlichen die Unternehmen häufig nur Daten aus den Bereichen, in denen sie Verluste machen.[1] Auf der anderen Seite wollen Regulierungsinstanzen die ihnen anvertrauten Daten nicht veröffentlichen, da sie damit ihren Handlungsspielraum erheblich einengen würden. Die interessierte Öffentlichkeit könnte dann nämlich die Regulierungspolitik im Detail nachvollziehen, zum Beispiel auch die Verteilungswirkungen von Regulierungsauflagen.

Deshalb ist es um so erfreulicher, daß auf einer wissenschaftlichen Konferenz einmal eine Ausnahme gemacht wurde und Kosten- und Erlösdaten der Öffentlichkeit präsentiert wurden. Die Untersuchung bezieht sich auf den Telefondienst in Frankreich des Jahres 1984.[2] Man kann davon ausgehen, daß

---

1   Das hat zum Beispiel die Diskussion in Großbritannien im Rahmen des Duopoly Review gezeigt, in die die British Telecom ihre Verluste im Bereich der Anschlußleitungen einbrachte. (Vgl. Tieman [1990])

2   Vgl. De Giry [1986].

sich inzwischen das Niveau der dort ausgewiesenen absoluten Kosten verändert hat, doch die Kostenstruktur dürfte in etwa noch zutreffend sein, da seit diesem Zeitpunkt keine wesentlichen technologischen Innovationen im französischen Fernsprechnetz realisiert wurden.

Die Studie untersucht die Kosten und Erlöse der Kostenträger

-    Bereithalten von Fernsprechanschlüssen,

-    Ortsgespräche und

-    Ferngespräche.

Die Kostenträger werden weiter nach Konsumentengruppen differenziert, nämlich nach regionalen Merkmalen (Ortsgröße) und Nutzertypen. Die Orte werden in drei Kategorien eingeteilt: Land (bis 2.000 Einwohner), Kleinstadt (2.000 bis 200.000 Einwohner) und Stadt (mehr als 200.000 Einwohner). Die Nutzer werden in sechs Gruppen unterteilt: Privathaushalte, Zweitwohnsitze, öffentliche Sprechstellen, Selbständige, Industrie und Dienstleistungsgewerbe. Die Studie liefert damit die Basis für die differenziertesten Aussagen zur Kosten- und Nutzerstruktur, die von einem Fernmeldeunternehmen dieser Größe bislang zugänglich gemacht wurde.[3]

Methodisch wird in der Studie folgendermaßen vorgegangen: Zunächst werden die Einzelkosten je Kostenträger ermittelt. Die verbleibenden Gemeinkosten werden auf die Kostenträger relativ zur Höhe ihrer Einzelkosten zugerechnet. Während bei den Personal- und Sachkosten die pagatorischen Werte als Kosten angesetzt werden, erfolgt die Festlegung der Kapitalkosten (Abschreibungen und kalkulatorische Verzinsung des betriebsnotwendigen Kapitals) anhand der Wiederbeschaffungswerte. Bei der Studie wird keine Infor-

---

3   Die von De Giry öffentlich gemachten Angaben übertreffen in ihrer Qualität deutlich die Daten, die zum Beispiel auf der Konferenz 'Telecommunications costing in a dynamic environment' präsentiert wurden, die sich ausschließlich Fragen der Kosten- und Leistungsrechnung in Telekommunikationsunternehmen widmete (vgl. Bellcore / Bell Canada Industry Forum (Hrsg.) [1989]). Im Gegensatz zu anderen Studien liefert De Giry nicht nur differenzierte Daten zu einzelnen Kostenträgern, sondern er ordnet diese Daten auch in einen Gesamtzusammenhang, den nationalen Fernsprechdienst Frankreichs, ein.

mation darüber gegeben, wie hoch der Gewinn im Fernsprechdienst insgesamt ausfällt. Der Gewinn wird verdeckt, indem die Gesamterlöse im Fernsprechdienst gleich den Gesamtkosten im Fernsprechdienst gesetzt werden.

Die Gesamtkosten für die drei oben genannten Kostenträger bestehen zu zwei Dritteln aus Kosten des Bereithaltens von Fernsprechanschlüssen und zu einem Drittel aus Kosten für Orts- und Ferngespräche. Das bedeutet, daß zwei Drittel der Kosten bezüglich des Gesprächsvolumens fix sind, das über die existierenden Fernsprechanschlüsse abgewickelt wird. Dieser fixe Kostenblock ist jedoch langfristig variabel[4] bezüglich der Zahl der Anschlüsse. Dagegen ist das verbleibende Drittel der Gesamtkosten variabel bezüglich des Gesprächsvolumens und fix bezüglich der Zahl der Anschlüsse.

Die Kapazität des gesamten Fernsprechnetzes wird durch die beiden komplementären Bestandteile Anschluß, der den Zugang zum Verkehrsnetz bildet, und Verkehrsnetz dargestellt. Einmal aufgebaute Kapazitäten bei den Anschlüssen oder im Verkehrsnetz sind kurz- oder mittelfristig nicht abbaubar, sie stellen als 'sunk costs' fixe Kosten dar. Die Kapazitäten werden nach den erwarteten Teilnehmerzahlen (Anschlüsse) und dem erwarteten Gesprächsvolumen während der Spitzenlastzeit (Verkehrsnetz) geplant und installiert, wobei ein erwarteter Nachfragezuwachs zu einer Kapazitätsausweitung führt. Ein Rückgang der Nachfrage führt dagegen nicht unmittelbar zu einem Kapazitätsabbau, sondern erst langfristig.

Die Untersuchung aus Frankreich zeigt, daß die Kosten eines Fernsprechanschlusses je nach Örtlichkeit deutliche Unterschiede aufweisen. Die Erklärung dafür lautet: Je dichter die Anschlüsse beieinander liegen, um so geringer sind ihre Durchschnittskosten. Die Kosten nehmen mit der Länge der Anschlußleitungen zu, die die Distanz zwischen der Ortsvermittlungsstelle und dem Netzabschluß beim Teilnehmer überbrücken, und sie nehmen mit der Anzahl der auf einer Strecke gemeinsam verlegten Anschlußleitungen ab. So ist es wesentlich teurer (bezogen auf einen Anschluß) verstreut liegende Einfamilienhäuser in einer ländlichen Region mit Anschlüssen zu versorgen,

---

4   Kurz- und mittelfristig sind die Kosten nur bei zunehmenden Anschlußzahlen variabel, bei einem Rückgang reduzieren sich die Kosten nicht entsprechend. Hier liegt eine Kostenremanenz vor.

als die Wohnungen in einem Häuserblock oder einem Hochhaus in der Groß-
stadt.

Die folgende Tabelle weist Kostenunterschiede zwischen den drei definierten
Kategorien aus. Durch eine tiefere Gliederung wären sicher noch wesentlich
größere Kostenunterschiede aufzudecken.[5]

Tabelle F.1-1: *Jährliche Kosten je Fernsprechanschluß in Frankreich in 1984*

Kategorie	Anteil von 100%	Durchschnittskosten	
		absolut	relativ
Land	23,1%	2.763 FF	138%
Kleinstadt	36,5%	1.940 FF	97%
Stadt	40,4%	1.626 FF	81%
Durchschnitt		2.004 FF	100%

Quelle: De Giry [1986], S. 4 u. 11.

Des weiteren deckt die Studie Unterschiede bei den jährlichen Durchschnittskosten nach der Nutzung auf. In der folgenden Tabelle wird unter
anderem deutlich, wie kostspielig öffentliche Sprechstellen im Vergleich zu
privaten Anschlüssen sind.

---

5   Das legen die Daten zu vergleichbaren Komplexen nahe, die bislang nicht veröf-
     fentlicht wurden.

Tabelle F.1-2: *Jährliche Kosten je Fernsprechanschluß und Nutzung in Frankreich in 1984*

Kategorie	Anteil von 100%	Durchschnittskosten	
		absolut	relativ
Privathaushalt	74,6%	1.866 FF	93%
Zweitwohnsitz	3,5%	2.197 FF	110%
Öffentliche Sprechstellen	1,0%	12.195 FF	609%
Selbständige	8,4%	2.227 FF	111%
Industrie	2,4%	1.889 FF	94%
Dienstleistungs- gewerbe	10,1%	1.808 FF	90%
Durchschnitt		2.004 FF	100%

Quelle: De Giry [1986], S. 4 u. 11.

Die Kosten eines Ortsgespräches hängen von der Größe des Ortsnetzes ab, in dem das Gespräch geführt wird. Besteht das Ortsnetz nur aus einer einzigen Ortsvermittlungsstelle, so fallen lediglich Kosten in der einen Ortsvermittlungsstelle an. Sind in einem Ortsnetz dagegen mehrere Ortsvermittlungsstellen installiert, entstehen Kosten durch die Nutzung der Einrichtungen einer oder mehrerer[6] Vermittlungsstellen und die Nutzung der Übertragungswege zwischen den Vermittlungsstellen. Die Kosten eines Ortsgesprächs bestehen aus einem fixen Anteil, der bei jedem Gespräch unabhängig von der Gesprächsdauer anfällt, und einem variablen Anteil, der sich proportional zur Gesprächsdauer verhält.

---

6   Das sind entweder zwei Ortsvermittlungsstellen, die direkt miteinander über eine Querleitung oder die durch eine hierarchisch über ihnen stehende Vermittlungsstelle verbunden werden.

Der fixe Anteil der Kosten eines Ortsgesprächs ist im wesentlichen durch
die Kosten des Auf- und Abbaus von Gesprächen bedingt. Gesprächskosten
fallen nur während der Zeit an, für die das Netz dimensioniert wird (Spitzenlastzeit oder Peak-Periode). In der übrigen Zeit (Off-Peak-Periode) fallen
so gut wie keine Kosten für Gespräche an, da freie Kapazitäten genutzt
werden. Allenfalls wären hier die insgesamt marginalen Kosten der Aufrechterhaltung des Betriebs, im wesentlichen die Stromversorgung, anzu-
führen.

Je größer die Vermittlungsstellen und je höher die Kapazitäten der Übertragungswege sind, um so geringer sind die Kosten der Nutzung je Gespräch,
das heißt, es liegen Größenvorteile vor. Die folgende Tabelle weist die Kosten für drei Kategorien von Ortsgesprächen aus.

Tabelle F.1-3: Kosten je Ortsgespräch in Frankreich im Jahr 1984

Kategorie	Durchschnittskosten	
	fix (Zeit)	variabel (Zeit) t = Minuten
Land	0,605 FF	0,609 FF * t
Kleinstadt	0,380 FF	0,407 FF * t
Stadt	0,470 FF	0,509 FF * t

Quelle. De Giry [1986], S. 11.

Die Kosten eines Ortsgespräches können im Hinblick auf die Orts-
netzkategorien wie folgt interpretiert werden: In ländlichen Ortsnetzen werden kleine Ortsvermittlungsstellen eingesetzt, die sehr hohe Stückkosten im
Vergleich zu mittleren und großen Ortsvermittlungsstellen aufweisen. In
kleinstädtischen Ortsnetzen werden die kostengünstigeren mittleren und
großen Ortsvermittlungsstellen eingesetzt. Obwohl in den städtischen Ortsnetzen in der Regel große Ortsvermittlungsstellen mit geringen Stückkosten
eingesetzt werden, sind die Ortsgespräche in städtischen Ortsnetzen teurer

als in kleinstädtischen, da für ein städtisches Ortsgespräch in der überwiegenden Zahl der Fälle zur Abwicklung des Gesprächs mehr als eine Vermittlungsstelle in Anspruch genommen wird. Das bedeutet, daß die Kosten je Ortsgespräch in städtischen Netzen nicht nur die Kosten einer Vermittlungsstelle beinhalten, wie das in ländlichen oder kleinstädischen Ortsnetzen die Regel ist, sondern zusätzlich die Nutzung mindestens einer weiteren Vermittlungsstelle und der Übertragungswege zwischen den Vermittlungsstellen.

Die Kosten eines Ferngespräches weisen gegenüber denen eines Ortsgespräches eine etwas andere Struktur auf. Wie die der Ortsgespräche bestehen sie aus einem zeitfixen und einem zeitvariablen Teil, der zusätzlich in entfernungsunabhängige und entfernungsabhängige Kostenbestandteile unterteilt werden kann. Die nachfolgende Tabelle gibt über die Kosten der Ferngespräche in Frankreich im Jahr 1984 Auskunft. Dabei wird nach dem regionalen Typ der Gesprächsquelle unterschieden.

Tabelle F.1-4: Kosten je Ferngespräch in Frankreich im Jahr 1984

Quelle des Gesprächs	Durchschnittskosten		
	fix (Zeit)	variabel (Zeit) t = Minuten	
		fix (Distanz)	variabel(Distanz) d = Kilometer
Land	1,082 FF	1,24 FF * t	0,0027 FF * t*d
Kleinstadt	0,700 FF	0,96 FF * t	0,0027 FF * t*d
Stadt	0,700 FF	0,99 FF * t	0,0027 FF * t*d

Quelle: De Giry [1986], S.13.

Die in der Tabelle F.1-4 angegebenen Formeln zur Berechnung der Kosten eines Ferngesprächs sollen im folgenden interpretiert werden. Bei den zeitfixen Kosten ist ein deutlicher Unterschied zwischen Gesprächen aus ländlichen Ortsnetzen und denen aus kleinstädtischen oder städtischen Ortsnetzen

zu erkennen. Die Erklärung dafür ist, daß Gespräche über Ortsvermittlungsstellen in ländlichen Ortsnetzen gegenüber Gesprächen über Ortsvermittlungsstellen in kleinstädtischen oder städtischen Ortsnetzen mehr Kosten
beim Gesprächsauf- und Gesprächsabbau verursachen, da die Vermittlungsstellen in kleinen Ortsnetzen über keine eigene Intelligenz zur Abwicklung
von Ferngesprächen verfügen und deshalb eine Vermittlungsebene mehr zur
Gesprächsabwicklung benötigen. Bei den Kostenunterschieden der zeitvariablen Kosten, die entfernungsunabhängig sind, kommen die unterschiedlichen
Größen der Ortsvermittlungsstellen und ihre Anbindung an die hierarchisch
über ihnen stehenden Vermittlungsstellen zur Geltung. An dieser Stelle kann
im wesentlichen auf die Argumentation zu den zeitvariablen Kosten der
Ortsgespräche rekurriert werden. Die Studie weist bei den entfernungs- und
zeitabhängigen Kosten keine Unterschiede bezüglich der Gesprächsquellen
auf. Es handelt sich also um Durchschnittswerte für ganz Frankreich.

Die durchschnittliche Gesprächsdauer eines Ortsgesprächs beträgt in Frankreich circa drei Minuten (genau: 195 Sekunden) und die eines Ferngesprächs
circa vier Minuten (genau: 248 Sekunden).[7] Die folgende Tabelle weist die
Kosten für Orts- und Ferngespräche von durchschnittlicher Länge aus.

Tabelle F.1-5: Kosten von Telefonaten durchschnittlicher Dauer in Frankreich in 1984

Quelle des Gesprächs	Kosten eines durchschnittlichen Telefonats			
	Ortsge-spräch (3 Min.)	Ferngespräch (4 Minuten)		
		100 km	200 km	500 km
Land	2,43 FF	7,12 FF	8,20 FF	11,44 FF
Kleinstadt	1,60 FF	5,62 FF	6,70 FF	9,94 FF
Stadt	2,00 FF	5,74 FF	6,82 FF	10,06 FF

Quelle: Eigene Berechnungen auf der Basis der Daten von De Giry [1986] und Pautrat
[1987].

---

7   Vgl. Pautrat [1987], S. 23.

Die Kosten der Ortsgespräche liegen für alle drei Kategorien deutlich über den Preisen für ein Ortsgespräch im Jahr 1984. Während ein Ortsgespräch von drei Minuten Dauer Kosten zwischen 1,60 und 2,43 Francs verursachte, wurden für ein solches Gespräch lediglich 0,75 Francs an die France Télécom bezahlt.[8] Dagegen lagen die Preise für Ferngespräche deutlich über ihren Kosten.[9]

Die Werte in der Tabelle F.1-5 weisen aus, daß die Kosten für ein Gespräch nicht proportional mit der Entfernung zunehmen, die überbrückt wird. Ein deutlicher Kostensprung erfolgt, wenn statt einem Orts- ein Ferngespräch geführt wird. Über große Entfernung nehmen die Kosten nur noch in einem geringen Ausmaß mit der Entfernung zu. So kostet ein Ferngespräch von durchschnittlicher Dauer über die Entfernung von 500 km nicht das Fünffache eines Gesprächs über 100 km, sondern nur den 1,6- bis 1,8-fachen Betrag.

Die Nachfrage nach dem Fernsprechdienst hat seit seiner Erfindung kontinuierlich zugenommen. Zunächst waren die Fernsprechteilnehmer überwiegend geschäftliche Nutzer. Heute dominieren die privat genutzten Fernsprechanschlüsse. Die Einnahmen je geschäftlich genutztem Anschluß liegen deutlich über denen eines privat genutzten Anschlusses, da über einen geschäftlichen Anschluß relativ mehr Gespräche während der teuren Tarifzeiten geführt werden.

Die folgende Tabelle zeigt, wie sich die Kosten und Erlöse beim Kostenträger Fernsprechanschluß auf einzelne Nutzergruppen verteilen. Eine positive (negative) Kostendeckung weist dabei einen Gewinn (Verlust) des Kostenträgers aus.

---

8   Der Tarif für ein Ortsgespräch von bis zu sechs Minuten Dauer wurde 1984 zweimal erhöht, zuletzt auf 0,75 Francs (Vgl. Pospischil [1988], S. 25f.).

9   Aus der Tabelle F.1-7 wird ersichtlich, daß die Orts- und Ferngespräche zusammen eine sehr hohe Kostenüberdeckung aufweisen. Nun ist bekannt, daß die Ortsgespräche unter ihren Kosten angeboten werden. Das bedeutet, daß die Ferngespräche zu einem Preis angeboten werden, der deutlich über ihren Kosten liegt.

Tabelle F.1-6: Nutzergruppenspezifische Kosten und Erlöse beim Fernsprechanschluß in Frankreich in 1984

Kategorie	Kosten und Erlöse beim Fernsprechanschluß			
	Bestands- anteil	Kosten- anteil	Erlös- anteil	Interne Subvention
Haushalt	74,6%	69,4%	71,5%	-17,8 Mrd. FF
Zweitwohnsitz	3,5%	3,9%	3,3%	- 1,1 Mrd. FF
Öffentliche Sprechstellen	1,0%	6,0%	0,0%	- 2,2 Mrd. FF
Selbständige	8,4%	9,3%	8,0%	- 2,5 Mrd. FF
Industrie	2,4%	2,3%	3,6%	- 0,5 Mrd. FF
Dienstleistungs- gewerbe	10,1%	9,1%	13,6%	- 1,9 Mrd. FF
Total	100,0%	100,0%	100,0%	-26 Mrd.FF

Quelle: De Giry [1986], S. 4, 8, 16 u. 22.

Die Tabelle F.1-6 zeigt auf, daß der Fernsprechanschluß in Frankreich im Jahr 1984 allen Nutzerkategorien unter Kosten angeboten wurde. Die Tabelle F.1-7 zeigt dagegen, daß die Orts- und Ferngespräche im Jahr 1984 zusammen ein positives Ergebnis auswiesen. Daß der Überschuß aus den Gesprächen exakt der Unterdeckung bei den Anschlüssen entspricht, ist durch die Normierung bedingt, die die gesamten Erlöse gleich den gesamten Kosten setzt.[10] Ob 1984 eine Kostenüberdeckung bei der France Télécom erzielt wurde, wird durch die angeführte Untersuchung nicht und durch die Daten aus dem Geschäftsbericht für dieses Jahr nur teilweise zugänglich. Für eine erhebliche Kostenüberdeckung spricht zweierlei.

---

10   Vgl. dazu die einleitende Passage zu diesem Punkt.

-   Die France Télécom wies in diesem Jahr einen bilanziellen Gewinn aus, der alleine schon zur Verzinsung des eingesetzten Eigenkapitals ausreichte. Das belegt, daß sie zumindest ihre Kosten decken konnte.[11]

-   Da die France Télécom darüber hinaus noch erhebliche Zahlungen an externe Institutionen (Subventionen und Ablieferungen) aus ihrem Überschuß finanzieren konnte, immerhin 5,4 Mrd. Francs oder 7% vom Umsatz, hatte sie deutlich mehr Erlöse als Kosten.[12]

Da der Fernsprechdienst sowohl die Struktur als auch das Volumen der Geschäfte der France Télécom prägt, kann von den 100% relativ leicht auf die 90%[13] des Fernsprechdienstes geschlossen werden. Dabei wird auch deutlich, daß alleine der Fernsprechdienst vom Volumen her die Quelle der 5,4 Mrd. Francs sein kann, die an externe Institutionen gezahlt wurden. Deshalb ist die Schlußfolgerung, daß der Fernsprechdienst der France Télécom 1984 mehr als seine Kosten erlöste, kaum von der Hand zu weisen.

---

11   Bei einer Kostenbetrachtung ist gegenüber einer Betrachtung auf der Basis einer Gewinn- und Verlustrechnung eine kalkulatorische Verzinsung des Eigenkapitals anzusetzen. Das Eigenkapital der France Télécom betrug zu Beginn des Jahres 1984 49,5 Mrd. Francs. Die Opportunitätskosten der Überlassung des Eigenkapitals (kalkulatorische Verzinsung des Eigenkapitals) werden am jeweils aktuellen Marktzins gemessen. Als untere Grenze für den Marktzins gilt der Zinssatz für kurzfristige Anlagen. Er betrug in Frankreich 1984 knapp 10,7%. (Vgl. OECD [1990c], S. 344.) Als obere Grenze ist der Zinssatz anzusetzen, den die France Télécom 1984 für ihr Fremdkapital zahlte. Er betrug 1984 im Durchschnitt 14,2%. (Vgl. DGT [1985], Résultats financiers, S. 16.) Dieser im Vergleich zum Marktzins vergleichsweise hohe Zinssatz wird wesentlich durch das in der Hochzinsphase zu Beginn der achtziger Jahre aufgenommene Fremdkapital verursacht. Der Überschuß von 11,9 Mrd. Francs, den die Gewinn- und Verlustrechnung der France Télécom 1984 auswies (6,5 Mrd. Bilanzgewinn plus 5,4 Mrd. Francs an Subventionen und Ablieferungen), deckt die kalkulatorische Verzinsung des Eigenkapitals ab. Alleine der Bilanzgewinn ergibt eine Eigenkapitalverzinsung von 13,3%. Bei Berücksichtigung der Sondersituation, die den 14,2% Zinsen für Fremdkapital der France Télécom zugrunde liegen, ist die Behauptung, daß alleine der Bilanzgewinn zur kalkulatorischen Verzinsung des Eigenkapitals ausreicht, korrekt.

12   Vgl. Tabelle C.2.5.

13   1987 betrug der Anteil des Fernsprechdienstes am Gesamtumsatz der France Télécom 87,6% (Vgl. Longuet [1988], S. 130.) Da der Fernsprechdienst langsamer wächst als der Gesamtumsatz, dürfte sein Anteil 1984 noch bei 90% gelegen haben.

Die Tabelle F.1-7 zeigt für die Orts- und Ferngespräche die Kosten- und Erlösstruktur für die Nutzergruppen und weist die absoluten Beträge der internen Subventionierung aus. Die Spalte Bestandsanteil gibt die Verteilung der Anschlüsse an. Durch einen Vergleich der Prozentwerte in den Spalten Bestandsanteil und Kostenanteil wird die unterschiedliche Intensität der Nutzung eines Anschlusses deutlich. Während zum Beispiel rund 75% der Anschlüsse bei privaten Haushalten installiert sind, werden von diesen Anschlüssen nur 40% der Gesprächskosten verursacht. Dagegen verfügt das Dienstleistungsgewerbe nur über 10% der Anschlüsse und verursacht 30% der Gesprächskosten. Ein Vergleich der Prozentwerte in den beiden Spalten Kosten- und Erlösanteil offenbart, daß es keine großen Strukturunterschiede bei den Erlösen und Kosten für Gespräche gibt.

Tabelle F.1-7: _Nutzergruppenspezifische Kosten und Erlöse bei Orts- und Ferngesprächen in Frankreich in 1984_

Kategorie	Kosten und Erlöse bei Orts- und Ferngesprächen			
	Bestands- anteil	Kosten- anteil	Erlös- anteil	Interne Subvention
Haushalt	74,6%	39,4%	41,6%	+11,3 Mrd. FF
Zweitwohnsitz	3,5%	1,6%	1,4%	+ 0,3 Mrd. FF
Öffentliche Sprechstellen	1,0%	4,7%	5,6%	+ 1,7 Mrd. FF
Selbständige	8,4%	9,5%	0,2%	- 1,8 Mrd. FF
Industrie	2,4%	13,7%	11,6%	+ 2,5 Mrd. FF
Dienstleistungs- gewerbe	10,1%	31,1%	31,6%	+ 8,3 Mrd. FF
Total	100,0%	100,0%	100,0%	+26 Mrd.FF

Quelle: De Giry [1986], S. 4, 8, 16 u. 22.

Wenn die Verluste in einem Bereich durch Gewinne aus einem anderen Bereich ausgeglichen werden, liegt eine interne Subventionierung vor. Dabei kann der Ausgleich zwischen den Kostenträgern und den Nutzergruppen stattfinden. Zur Erläuterung sollen drei Beispiele zur internen Subventionierung aufgezeigt werden.

a) Die Kostenunterdeckung beim Kostenträger Ortsgespräche kann durch die Kostenüberdeckung beim Kostenträger Ferngespräche mehr als ausgeglichen werden. Die Ortsgespräche werden durch die Ferngespräche subventioniert.

b) Die Nutzergruppe Industrie kann ihre Verluste beim Anschluß (- 0,5 Mrd. FF) durch Überschüsse bei den Gesprächen (+ 2,5 Mrd. FF) ausgleichen. Die Überschüsse bei den Gesprächen dieser Nutzergruppe reichen aber darüber hinaus dafür aus, weitere Subventionen zu leisten (2,5 Mrd FF - 0,5 Mrd. FF = + 2 Mrd. FF Überschuß).

c) Die Überschüsse der Haushalte bei den Gesprächen (+11,3 Mrd. DM) reichen dagegen nicht aus, ihre Verluste bei den Anschlüssen (-17,8 Mrd. FF) auszugleichen. Die privaten Haushalte erhalten also eine interne Subvention durch andere Nutzergruppen.

Die Subventionsströme erreichten innerhalb der France Télécom im Jahr 1984 ein erhebliches Ausmaß. Das zeigt ein Vergleich des größten Subventionsstroms, der 26 Mrd. Francs für die Anschlüsse, mit dem Gesamtumsatz von 73 Mrd. Francs der France Télécom in 1984.[14] Durch ihr Volumen erreicht die interne Suventionierung im Fernsprechdienst der France Télécom eine über die betriebswirtschaftliche Bedeutung hinausgehende volkswirtschaftliche und politische Relevanz.

---

14   Vgl. DGT [1985], Résultats financiers, S. 7.

2. *Wiederverkauf bei Tarifeinheit im Raum*

Die folgende Modellbetrachtung dient dazu, die Aussage zu begründen, daß
ein ineffizienter Marktzutritt durch die Erlaubnis von Wiederverkauf bei
gleichzeitiger Tarifeinheit im Raum möglich ist. In dem Modell werden die
Strecken zwischen den Punkten A und B sowie zwischen C und D betrachtet
(Schaubild F.2). Für die jeweiligen Enden der beiden Strecken (A und B, C
und D) soll gelten, daß sie eine identische Entfernung voneinander besitzen,
zum Beispiel 100 km. Für alle vier Punkte A, B, C und D gelte, daß sie jeweils über einen 2 MBit/s-Übertragungsweg an einen Netzknoten (N_A, N_B,
N_C und N_D) angeschlossen sind. Die Entfernung zwischen Netzknoten und
Punkt ist in allen vier Fällen identisch. Während die Netzknoten N_A und N_B
über einen Übertragungsweg mit der Kapazität 140 MBit/s verbunden sind,
sind die Netzknoten N_C und N_D über einen Übertragungsweg mit der Kapazität 2 MBit/s verbunden.

<u>*Schaubild F.2:*</u> *Wiederverkauf von 2 MBit/s - Übertragungswegen*

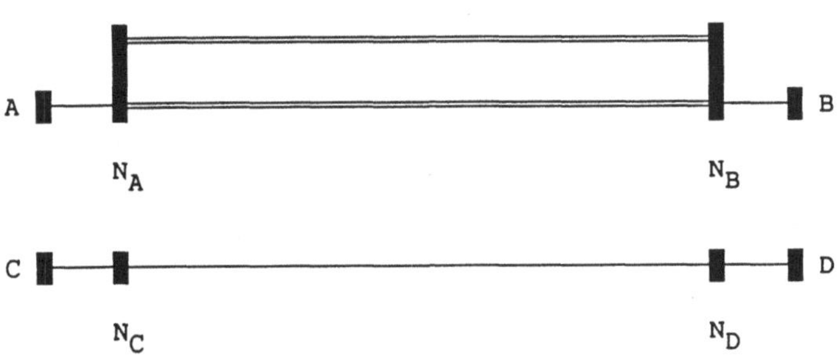

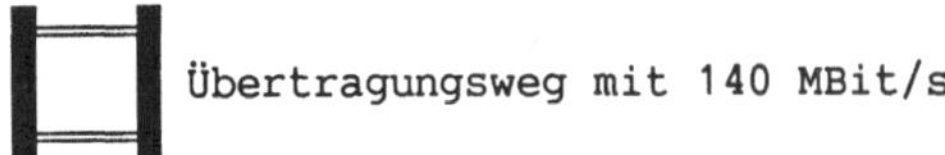

Wenn nun zwischen die jeweiligen Endpunkte A und B bzw. C und D ein
Übertragungsweg mit 2 MBit/s geschaltet wird, entstehen unterschiedliche

Kosten. Die Kostenunterschiede beruhen darauf, daß zwischen den Netzknoten Systeme mit unterschiedlichen Übertragungskapazitäten zum Einsatz kommen. Vereinfachend kann angenommen werden, daß bei einer Vervierfachung der Kapazität die Kosten nur auf das Dreifache zunehmen. Es liegt also eine Kostendegression vor. Wenn unterstellt wird, daß die Systeme unabhängig von ihrer Kapazität einen in etwa gleichen Auslastungsfaktor aufweisen, gilt, daß die Verbindung von A nach B kostengünstiger zu realisieren ist als die von C nach D. Die Kosten C_{2AB} für die Strecke AB mit einer Kapazität von 2 MBit/s liegen also unter den Kosten C_{2CD} für die Strecke CD in 2 MBit/s. Weiterhin wird unterstellt, daß der Monopolanbieter seine Produkte zu Kosten anbietet, das heißt die gesamten Kosten werden durch die Einnahmen insgesamt gedeckt.

Da dem Monopolisten durch die Auflage Tarifeinheit im Raum für eine identische Leistung keine Differenzierung erlaubt wird, die durch die zugrundeliegenden Kosten gerechtfertigt wäre, muß er die Verbindung der Punkte A und B als auch die der Punkte C und D zu einem einheitlichen Preis anbieten. Dieser Preis wird zwischen C_{2AB} und C_{2CD} liegen, also unter den Kosten C_{2CD} und über den Kosten C_{2AB}.

Ein Wiederverkäufer wird nur die Übertragungswege kaufen und dann ohne Wertschöpfung weiterveräußern, die ihm einen Gewinn versprechen. Das ist in dem Modell für die Strecke zwischen den Punkten A und B der Fall. In der Modellbetrachtung wird angenommen, daß der Wiederverkäufer zwischen den Netzknoten N_A und N_B einen Übertragungsweg mit der Kapazität 8 MBit/s vom Monopolisten gemietet hat. Von dieser Kapazität benötigt er 6 MBit/s für seinen eigenen Bedarf oder andere Kunden. Die verbleibenden 2 MBit/s nutzt er für den Aufbau einer Verbindung zwischen A und B. Dafür muß er noch vom Monopolisten die beiden Anschlußleitungen an die Netzknoten N_A und N_B mieten. Vergleicht man nun die Kosten des Monopolisten und seine Preise mit den Kosten und Preisen des Wiederverkäufers, dann kommt man zu dem Ergebnis, daß der Wiederverkäufer sein Angebot günstiger gestalten kann als der Monopolist, von dem er die Leistung zuvor bezogen hat.

Die Tabelle F.2 weist aus, daß die Realisierung einer Referenzstrecke in 2 MBit/s Kosten von 100 verursacht. Werden diese 2 MBit/s in höherkanaligen Systemen realisiert, also 8 MBit/s, 34 MBit/s und 140 MBit/s, dann sinken die Kosten bezogen auf die Kapazität von 2 MBit/s auf 75%, 56% und 42%. Nun wird angenommen, daß die Durchschnittskosten für einen 2 MBit/s-Übertragungsweg bei 66% der Referenzkosten liegen, also bei 66. Die Annahme basiert auf einer plausiblen Verteilung des Einsatzes von Übertragungswegen in einem flächendeckenden Netz. Der Monopolist wird den Übertragungsweg zwischen N_A und N_B und den Übertragungsweg zwischen N_C und N_D jeweils zu 66 anbieten, obwohl er im ersten Fall Kosten von 42 und im zweiten Fall Kosten von 100 hat. Er bietet zu 66 an, weil das die relevanten Durchschnittskosten sind. Er schlägt keinen Gewinn auf die Kosten auf, da er insgesamt, und damit im Durchschnitt, lediglich die Kosten decken und keinen Gewinn erzielen soll. Weiterhin wird unterstellt, daß die Anschlüsse an die Netzknoten in jedem Fall Kosten von 10 verursachen. Das bedeutet, daß nach der Prämisse Kosten gleich Preis auch der Preis jeweils 10 beträgt. Der Monopolist wird also die Übertragungswege in 2 MBit/s zwischen A und B und C und D zu einem Einheitspreis von 86 (= 66 + 2 x 10) anbieten.

Tabelle F.2: *Kapazität und Kosten von Übertragungswegen*

System	Netto-Kapazität in MBit/s	Kosten	Kosten je 2 MBit/s	Kosten je 8 MBit/s
2 MBit/s	2	100	100	
8 MBit/s	8	300	75	300
34 MBit/s	32	900	56	225
140 MBit/s	128	2700	42	169

Den Übertragungsweg zwischen den Netzknoten N_A und N_B wird der Monopolist entsprechend der Nachfrage auch mit höherer Kapazität anbieten, zum

Beispiel in 8 MBit/s. Der Preis für die 8 MBit/s entspricht hier wiederum nicht den verursachten Kosten, nämlich dem mit 169 in der Tabelle ausgewiesen Wert, sondern einem Durchschnittswert, der in diesem Fall mit 200 angenommen wird.

Der Wiederverkäufer muß also vom Monopolisten für die Realisierung der Strecke zwischen A und B in 2 MBit/s folgende Leistungen kaufen:

- zwei Anschlußleitungen in 2 MBit/s an die beiden Netzknoten N_A und N_B für je 10 und

- einen 8 MBit/s Übertragungsweg zwischen den beiden Netzknoten N_A und N_B für 200.

Da er die verbleibenden 6 MBit/s zwischen den Netzknoten N_A und N_B für andere Zwecke benutzt, also die 8 MBit/s vollständig nutzen kann, kosten ihn die 2 MBit/s 50 im Durchschnitt. Er kann also seinen Preis für die Strecke zwischen A und B in 2 MBit/s auf der Basis der Kosten für Vorprodukte 20 plus 50 gleich 70 kalkulieren. Auf diese 70 wird er seine Verwaltungskosten, Vertriebskosten und einen Gewinnzuschlag aufschlagen. Wenn dieser Aufschlag weniger als 16 beträgt, kann er den Preis des Monopolisten von 86 unterbieten und wird den Auftrag erhalten.

Dieses Beispiel zeigt, daß ein ineffizienter Marktzutritt durch die Auflage der Tarifeinheit im Raum erfolgen kann. Der Monopolist könnte die Strecke AB in 2 MBit/s dem Kunden günstiger anbieten als der Wiederverkäufer, wenn er seine Preise an den relevanten Kosten und nicht an den Durchschnittskosten zu orientieren hätte. Da dem Monopolisten das nicht erlaubt wird und der Wiederverkauf der Kapazität der vom Monopolisten bezogenen Übertragungswege gestattet ist, werden Wiederverkäufer diese Regulierung für Arbitragegeschäfte nutzen.

Wenn dagegen die Tarifeinheit im Raum als Auflage aufgehoben und eine Tarifierung entsprechend der unterschiedlichen Kosten durch den Monopolisten zugelassen würde, dann hätte die Arbitrage keine Basis mehr.

Zum Abschluß darf es nicht unterlassen werden, darauf hinzuweisen, daß die Modellbetrachtung wie alle Modelle mit Annahmen arbeitet, die in der Realität zu hinterfragen oder näher zu spezifizieren sind. So wird zum einen die Kostendegression mit dem Faktor 3/4 (Verdreifachung der Kosten bei einer Vervierfachung der Kapazität) recht vorsichtig angegeben, das heißt die Kostendegression dürfte tatsächlich stärker sein. Zum anderen wird darauf verzichtet, die Kosten der Kanalteilung, also zum Beispiel das Aufteilen der 8 MBit/s in die vier 2 MBit/s in das Modell einzubauen, da sie nur einen marginalen Effekt auf die Kosten der relevanten Leistung haben.

3. Vergleich von Eigenkapitalrenditen

Durch eine einfache Rechnung soll aufgezeigt werden, wie rentabel die France Télécom, British Telecom und DBP Telekom wirtschaften, insbesondere mit Blick auf die Ausschüttungen von Gewinnen, die die Eigentümer erhalten. Ein solcher Vergleich kann nur dann vorgenommen werden, wenn bestimmte Prämissen für den Zweck eines Vergleichs gesetzt werden, da die Jahresabschlüsse unter ganz unterschiedlichen rechtlichen Gegebenheiten zustande kommen. Das Ziel des Vergleichs ist es, zu untersuchen, wie die ab 1991 für die France Télécom geltende Regelung im Vergleich mit den Ergebnissen der British Telecom und der DBP Telekom aussieht. Da für 1991 nur Prognosen möglich sind, wird das Ergebnis der France Télécom von 1989 neben das prognostizierte Ergebnis von 1991 gestellt. Für die DBP Telekom liegt für 1990 erstmals ein eigener Jahresabschluß vor. Die hier verwendeten Zahlen für die DBP Telekom haben zwar noch vorläufigen Charakter, doch sie werden sich, wenn überhaupt, nur marginal ändern. Für die British Telecom liegt der Jahresabschluß des Geschäftsjahres 1989/90 vor. Da es lediglich darum geht, Größenordnungen zu vergleichen, ist es legitim, die jeweils aktuellsten Daten zu vergleichen, auch wenn sie nicht aus einem Jahr stammen.

Für den Vergleich ist es zunächst erforderlich, zu einem einheitlichen Vorgehen hinsichtlich der Mehrwertsteuer zu kommen. Die Umsätze der France Télécom und der British Telecom unterliegen jeweils der Mehrwertsteuer. Die Umsätze der DBP Telekom sollen erst in einigen Jahren der Mehrwertsteuer unterliegen. Bis dahin hat die DBP Telekom als Substitut dafür eine Ablieferung von 10% des Umsatzes zu zahlen und kann den Vorsteuerabzug nicht geltend machen. Eine einfache Berechnung ergibt, daß die DBP Telekom 1990 bei einem Umsatz von 40,5 Mrd. DM rund 5 Mrd. DM Mehrwertsteuer hätte erheben müssen.[15] Gleichzeitig hätte sie einen Vorsteuerabzug von 2,4 Mrd. DM geltend machen können, wenn sie der Mehrwertsteuerpflicht unterlegen hätte. Tatsächlich hat sie eine Ablieferung an den Bund

---

15 Dabei wird aufgrund von ähnlich gelagerten Fällen bei der Unterwerfung von Unternemen unter die Mehrwertsteuerpflicht in der Bundesrepublik Deutschland und Frankreich davon ausgegangen, daß die Mehrwertsteuer in den Preis eingerechnet und nicht aufgeschlagen wird.

von 4 Mrd. DM gezahlt und den Vorsteuerabzug von 2,4 Mrd. DM nicht geltend machen können.

Es ist der DBP Telekom also eine Mehrbelastung von 1,4 Mrd. DM entstanden.[16] Diese zusätzliche Belastung stellt im Vergleich mit den beiden anderen Gesellschaften eine besondere Art der Besteuerung oder Gewinnabführung dar. In der nachfolgenden Tabelle wird der Betrag unter 'Sonderstatus bei der Mehrwertsteuer' aufgeführt. Die France Télécom weist für 1989 auch noch einen vergleichbaren Posten auf. Ihr Umsatz unterlag 1989 zwar der Mehrwertsteuer, doch sie konnte nur einen Teil des Vorsteuerabzugs geltend machen und hatte somit eine zusätzliche Last zu tragen. 1991 verschwindet diese Sonderbehandlung bei der France Télécom. Bei der British Telecom ist eine solche Art der Sonderbehandlung nicht gegeben.

Da bei der France Télécom und der DBP Telekom der Staat der Eigentümer ist und bei der British Telecom nur teilweise, ist die Behandlung der von der British Telecom gezahlten Steuern, die keine Mehrwertsteuer sind, näher zu bestimmen. Für den Zweck der hier anzustellenden Betrachtung reicht es aus, die aus den Unternehmen abfließenden Mittel, sei es an den Fiskus, sei es an die Eigentümer, zusammen zu betrachten.

Da die DBP Telekom und die France Télécom keine Aktiengesellschaften sind, kennen sie keine Dividendenzahlungen, sondern unabhängig vom Gewinn festgelegte Auszahlungen. Für die France Télécom waren das 1989 die Zahlungen an den Staatshaushalt und die Subvention an die Industrie und für staatliche Programme. Ab 1991 wird der Betrag dadurch ermittelt, daß man 13,7 Mrd. Francs, die als Basis für 1989 festgelegt wurden, mit dem Index der Verbraucherpreisentwicklung fortschreibt. In 1991 dürften damit etwa 15 Mrd. Francs abzuführen sein. Die DBP Telekom hat zusätzlich zu den zuvor genannten Zahlungen einen Finanzausgleich an die Schwesterunternehmen Post und Postbank zu leisten, der 1990 rund 2 Mrd. DM erreichte. In der

---

16   Die DBP Telekom zahlte 1990 insgesamt 6,4 Mrd. DM an den Staat (4 Mrd. DM an Ablieferung plus 2,4 Mrd. DM an nichtabzugsfähiger Mehrwertsteuer). Wäre sie mehrwertsteuerpflichtig gewesen, dann hätte sie insgesamt 5 Mrd. DM (einschließlich der Mehrwersteuer auf bezogene Leistungen) an den Staat zahlen müssen. Die Differenz von 1,4 Mrd. DM spiegelt also die steuerrechtliche Sonderbehandlung der DBP Telekom wider.

nachfolgenden Tabelle werden sowohl die Dividendenzahlungen bei BT als auch die oben aufgeführten Zahlungen an den Staat unter 'Ausschüttung an den Eigentümer' ausgewiesen.

Der Vergleich zeigt, daß die British Telecom und France Télécom deutlich rentabler sind als die DBP Telekom.[17] Das gilt sowohl für die Rendite vor Berücksichtigung von Steuern und Auszahlungen als auch für die Rendite nach den oben genannten Abzügen. Bei einer in etwa gleichen Rendite vor Steuern und Auszahlungen der British Telecom und France Télécom verbleiben der British Telecom absolut und relativ mehr Gewinne zur Thesaurierung als der France Télécom, da die letztere vom Staat als Eigentümer stärker zur Kasse gebeten wird.

---

17 Ein Vergleich auf der Basis der Umsatzrentabilität bestätigt das. (Vgl. Tabelle F.3)

Tabelle F.3: Vergleich der Eigenkapitalrentabilität von British Telecom, DBP Telekom und France Télécom

	British Telecom			DBP Telekom (a)	France Télécom	
	1987/88	1988/89	1989/90	1990	1989	1991
		(in brit. Pfund)		(in DM)	(in FF)	
Eigenkapital	7,3	7,8	8,5	33,9	68	75
Gewinn vor Steuern und Auszahlungen						
– relativ (bezogen auf Eigenkapital)	29%	29%	28%	14%	28%	
– absolut	2,1	2,3	2,4	4,6	18,7	
Auszahlungen und Steuern						
– relativ (bezogen auf Eigenkapital)	19%	18%	18%	10%	21%	20%
– absolut	1,4	1,4	1,5	3,4	14,1	15
> Sonderstatus bei der Mehrwertsteuer				1,4	2	
> Steuern	0,8	0,8	0,9			
> Ausschüttung an den Eigentümer	0,6	0,6	0,6	2	12,1	15
Gewinn nach Steuern und Auszahlunger						
– relativ (bezogen auf Eigenkapital)	10%	12%	11%	4%	7%	
– absolut	0,7	0,9	0,9	1,2	4,6	
nachrichtlich: Umsatzrentabilität						
– Rentabilität vor Steuern und Auszahlungen	21%	21%	20%	13%	20%	
– Rentabilität nach Steuern und Auszahlungen	7%	8%	7%	3%	5%	
– Umsatz (exkl. MWSt.)	10,2	11,1	12,3	35,5	95,1	

Quelle: BT [1988–1990]; France Télécom [1990], Rapport financier; vorläufige Zahlen der DBP Telekom zum Jahresabschluß 1990.

(a) Für den Vergleich wurde die DBP Telekom so behandelt, als ob ihr Umsatz von 40,5 Mrd. DM Mehrwertsteuer von 5 Mrd. DM (14 %) enthalten würde. Entsprechend den Ausführungen im Text wurde dabei die Ablieferung als Substitut für die Mehrwertsteuer betrachtet.

G. QUELLEN, ABKÜRZUNGEN UND VERZEICHNISSE

1. Literaturverzeichnis

Ammon, G. [1989], Der französische Wirtschaftsstil, München

Andel, N. [1988], Subventionen, in: Albers, W. (Hrsg.): Handwörterbuch der Wirtschaftswissenschaften, Stuttgart, Bd. 7, S. 491 - 510.

Arbeitskreis 'Langfristige Unternehmensplanung' der Schmalenbach-Gesellschaft [1981], Strategische Planung, in: Steinmann, H. (Hrsg.): Planung und Kontrolle - Probleme der strategischen Unternemensführung, München, S. 23 - 45.

Barham, J. / **Dawkins**, W. / **Fidler**, S. [1990], ENTel 60% privatisation decree signed by Menem, in: Financial Times, 10.11.1990, S. 10.

Baumol, W.J. / **Panzar**, J.C. / **Willig**, R.D. [1982], Contestable markets and the theory of industry structure, New York

Bellcore / **Bell Canada Industry Forum** (Hrsg.) [1989], Telecommunications costing in a dynamic environment, Proceedings, San Diego

Berben, M.C. [1990], Open network provision: a concept for Europe, in: Schaff, S. (Hrsg.): Legal and economic aspects of telecommunications, Amsterdam, S. 555 - 565.

Besen, S. / **Saloner**, G. [forthcoming], The economics of telecommunications standards

Blanc, J.L. [1989], Development of the pan-european paging system Ermes, in: Financial Times (Hrsg.), World Mobile Communications in the 90s, London

Bonnetblanc, G. [1985], Les télécommunications françaises, quel statut, pour quelle entreprise ?, Paris

BPM [1988], Statistisches Jahrbuch 1987, Bonn

Breyer, S. / **MacAvoy**, P.W. [1987], Regulation and deregulation, in: Eatwell, J. u.a. (Hrsg.): The new Palgrave - A dictionary of economics, Volume 4, London, S. 128 - 134.

British Telecom [1988-1990], Report and accounts, London

Bundesminister für Forschung und Technologie / **Bundesminister für Wirtschaft** [1989], Zukunftskonzept Informationstechnik, Bonn

Bundesminister für das Post- und Fernmeldewesen [1988a], Begründung zum Entwurf eines Gesetzes zur Neustrukturierung des Post- und Fernmeldewesens und der Deutschen Bundespost, Bonn

Bundesminister für das Post- und Fernmeldewesen [1988b], Reform des Post- und Fernmeldewesens in der Bundesrepublik Deutschland - Konzeption der Bundesregierung zur Neuordnung des Telekommunikationsmarktes, Heidelberg

Chavaudret, F. / **Tassel**, J. [1987], Les télécommunications avec les mobiles, in: Le Communicateur, Heft Oktober 1987, S. 61 - 81.

Clot, G. [1988], Services à valeur ajoutée: une réalité hétérogène, in: Le Communicateur, Heft Dezember 1988, S. 67 - 82.

Cogecom [1990], Rapport annuel 1989, Paris

Cohen-Tanugi, L. [1990], Les enjeux insitutionnels de la déréglementation, in: Réseaux, Heft Nr. 40, S. 25 - 34.

Crane, R.J. [1979], The politics of international standards - France and the color TV war, Norwood

CSA [1990], Rapport annuel 30. janvier - 31. décembre 1989, Paris

Cummings, J.P. [1989], The market opportunity for telepoint systems, in: Financial Times (Hrsg.), World Mobile Communications in the 90s, London

Dang-Nguyen, G. / Blandin, A. [1990], The european telecommunications policy: between the consensus and the competition law, Paper prepared for the 5th European Communications Policy Research Conference, Porquerolles, 24.-26. October 1990

DeGiry, Ch. [1986], Revenue cross-susidizations generated by telephone tariffs, in: International Telecommunications Society (Hrsg.): 6th International Conference, Tokyo

Deutsche Bundespost [1987], Geschäftsbericht 1986, Bonn

DGT [1985-1987], Rapport d'activité, Paris

DGT [1987b], Bilan social des télécommunications - Exercice 1986, Paris

DGT / DPAF [1984], Les abonnés au téléphone en France métropolitaine, Paris

Dixon, H. [1990], Phone club days are numbered, in: Financial Times, 15.5.1990

Dordick, H. [1990], The origins of universal service. History as a determinant of telecommunications policy, in: Telecommunications Policy, Heft Juni 1990, S. 223 - 321.

Dürrenbacher, C. / Oesterheld, W. [1988], Prognosen zu technisch-wirtschaftlichen Potentialen neuer Technologien - Eine Dokumentation, in: DGB Bundesvorstand (Hrsg.): Informationen zur Humanisierung der Arbeit und zur Technologiepolitik, Nr. 5, Düsseldorf

DRG [1990], Fiche d'information, Paris

DTI [1990], Competition and choice: telecommunications policy for the 1990s, London

Elixmann, D. [1990], Econometric estimation of production structures: the case of the german telecommunications carrier, Bad Honnef

Financial Times (Hrsg.) [1989], World Mobile Communications in the 90s, London

France Télécom [1988 - 1990], Rapport d'activité, Paris

Gälweiler, A. [1981], Strategische Unternehmensplanung, in: Steinmann, H. (Hrsg.): Planung und Kontrolle - Probleme der strategischen Unternemensführung, München, S. 84 - 100.

Gebhardt, H.P. [1990], Aktueller Stand und Entwicklungstendenzen in der Telekommunikationsregulierung der Mitgliedsstaaten der Europäischen Gemeinschaft unter Berücksichtigung der Gemeinschaftspolitik, Vorabdruck aus dem Jahrbuch der Deutschen Bundespost 1990, Erlangen

Generaldirektion Postdienst [1990], Statistisches Jahrbuch 1989, Bonn

Glaab, H. [1988], Arbeiten auf dem Gebiet der Systematiken zur Erfassung informations- und kommunikationstechnologischer Entwicklungen, in: Statistisches Bundesamt (Hrsg.): Informations- und Kommunikationstechnologien in Wirtschaft und Gesellschaft: Konzepte ihrer statistischen Erfassung, Stuttgart, S. 76 - 95.

Hamm, W. [1988], Sektorale Strukturpolitik, in: Albers, W. (Hrsg.): Handwörterbuch der Wirtschaftswissenschaften, Stuttgart, Bd. 7, S. 479 - 491.

Heuermann, A. / Neumann, K.H. [1985], Die Liberalisierung des britischen Telekommunikationsmarktes, Berlin

Hooper, R. [1989], Will mobile communications compete with fixed link ?, in: Financial Times (Hrsg.), World Mobile Communications in the 90s, London

InfoCom Research [1990], Information and Communications in Japan, Tokyo

Kantzenbach, E. [1967], Die Funktionsfähigkeit des Wettbewerbs, 2. Auflage, Göttingen

Kommission der Europäischen Gemeinschaften [1987], Auf dem Weg zu einer dynamischen europäischen Volkswirtschaft - Grünbuch über die Entwicklung des Gemeinsamen Marktes für Telekommunikationsdienstleistungen und Telekommunikationsgeräte, Brüssel

KtK [1976], Telekommunikationsbericht, Bonn

Lacout, M. (Hrsg.) [1982], Les télécommunications françaises, Paris

Lasserre, B. [1987], Service public et télécommunications: une rencontre difficile, in: Le Communicateur, Heft Oktober 1987, S. 150 - 159.

Le Bolloch-Puges, Ch. [1989], La politique française dans l'électronique, Paris

Le Boucher, E. [1984], La hausse du téléphone représente - pour plus de la moitié - un impôt déguisé, in: Le Monde, 19.9.1984

Le Galès, Y. [1990], Téléphone: France Télécom l'emporte au Mexique, in: Le Figaro, 11.12.1990, S. 6.

Lestrade, P. u.a. [1987], Synthèse du rapport sur les radiocommunications civiles avec les mobiles, Paris

Libois, L.-J. [1983], Genèse et croissance des télécommunications, Paris

Littlechild, S.C. [1979], Elements of telecommunications economics, London

Longuet, G. [1988], La conquête de nouveaux espaces, Paris

Lüers, S. / Unholtz, J. [1987], Funkrufdienste, in: FTZ-Nachrichten, Heft 2/1987, S. 30 - 38.

Maillet, P. [1984], La politique industrielle, Paris

Menchén, M. [1989], Standards: how the system is being developed, in: Financial Times (Hrsg.), World Mobile Communications in the 90s, London

Ministère d'Etat / Ministère de la Recherche et de la Technologie (Hrsg.) [1982], Extraits du rapport de synthèse de la Mission Filière Electronique, Paris

Morgan, K. / Davis, A. [1989], Seeking advantage from telecommunications: Regulatory innovation and corporate information networks in the UK, in: Berkeley Roundtable on International Economy / OECD / DG XIII of the Commission of the European Communities (Hrsg.) [1989], Information networks and competitive advantage, Volume III: Comparative reviews of telecommunications policies and usage in Europe, Paris, S. 267 - 317.

Möschel, W. [1989], Postreform im Zwielicht, in: WiSt, Heft 4 1989, S. 173 - 179.

Müller, J. / Vogelsang, I. [1979], Staatliche Regulierung, Baden Baden

Narjes, K.H. [1989], Das fernmeldepolitische Modell der Kommission der Europäischen Gemeinschaften, in: Neu, W. / Neumann, K.H. (Hrsg): Die Zukunft der Telekommunikation in Europa, Berlin, S. 164 - 188.

Neumann, K.H. [1984], Gebührenpolitik im Telekommunikationsbereich, Baden Baden

Neumann, K.H. [1987a], Models of service competition, Bad Honnef

Neumann, K.H. [1987b], Die Neuorganisation der Telekommunikation in Japan, Berlin

Neumann, W. / Uterwedde, H. [1986], Industriepolitik: Ein deutsch-französischer Vergleich, Opladen

Nicholson, J.A. [1989], The impact of PMR in the UK, in: Financial Times (Hrsg.), World Mobile Communications in the 90s, London

Nora, S. / Minc, A. [1978], L'informatisation de la société, Paris

Oberliesen, R. [1982], Informationen, Daten und Signale - Geschichte technischer Informationsverarbeitung, Reinbek

OECD [1987], Trends of change in telecommunications policy, Paris

OECD [1988], The telecommunications industry - The challenges of structural change, Paris

OECD [1989a], The internationalisation of software and computer services, Paris

OECD [1989b], Telecommunication network-based services: policy implications, Paris

OECD [1990a], Communications outlook, Paris

OECD [1990b], Performance indicators for public telecommunications operators, Paris

OECD [1990c], Main economic indicators - Historical statistics 1969 - 1988, Paris

Pautrat, C. [1987], La tarification des télécommunications en France, in: Le Bulletin de l'IDATE, N° 29, S. 3 - 23.

Piore, M.J. / Sabel, Ch.F. [1985], Das Ende der Massenproduktion - Studie über die Requalifizierung der Arbeit und die Rückkehr der Ökonomie in die Gesellschaft, Berlin

Plank, K.L. [1988a], Grundgedanken zur Gestaltung zukünftiger Fernmeldenetze, 2. Auflage, Heidelberg

Plank, K.L. [1988b], Vermittlungstechnik, Heidelberg

Porter, M.E. [1980], Competitive strategy - Techniques for analyzing industries and competitors, New York

Porter, M.E. [1982], Industrial organization and the evolution of concepts for strategic planning, in: Naylor, T.H.(Hrsg.): Corporate strategy, Amsterdam

Porter, M.E. [1985], Competitive advantage - Creating and sustaining superior performance, New York

Pospischil, R. [1987], Bildschirmtext in Frankreich und Deutschland - Grundlagen und Konzeptionen, Nürnberg

Pospischil, R. [1988], Ansätze zur Neuorganisation des französischen Fernmeldewesens, Bad Honnef

Pospischil, R. [1989], Frankreich, in: Arnold, F. (Hrsg.): Handbuch der Telekommunikation, Köln, Kapitel 11.3.3.4 (Loseblatt-Werk)

Prévot, H. [1989], Rapport de synthèse à l'issue du débat public sur l'avenir du service public de la Poste et des Télécommunications, Paris

Profit, A. [1982], Mission Filière Electronique - Rapport sectoriel: IV. Télécommunications - Télématique, Paris

Regierungskommission Fernmeldewesen [1987], Neuordnung der Telekommunikation, Heidelberg

Remy, J.G. / Cueugniet, J. / Siben, C. [1988], Systèmes de radiocommunications avec les mobiles, Paris

Rommel, W. [1991], Die Reform des Post- und Fernmeldewesens in Frankreich - Eine Darstelleung mit vergleichenden Hinweisen auf das deutsche Poststrukturgesetz, Bad Honnef

Samuelson, P.A. / Nordhaus, W.D. [1985], Economics, New York

Schmoch, U. [1990], Frankreich, in: Schnöring, T. / Grupp, H. (Hrsg.): Forschung und Entwicklung für die Telekommunikation - Internationaler Vergleich mit zehn Ländern, Band 1, Berlin, S. 241 - 314.

Schnöring, T. / **Grupp,** H. [1990], Internationaler Vergleich von Forschung und Entwicklung für die Telekommunikation, Bad Honnef

Schön, H. / **Neumann,** K.H. [1985], Mehrwertdienste (Value Added Services) in der ordnungspolitischen Diskussion, in: Schwarz-Schilling, Ch. / Florian, W. (Hrsg.): Jahrbuch der Deutschen Bundespost, Bad Windsheim, S. 478 - 527.

Schumann, J. [1971], Grundzüge der mikroökonomischen Theorie, Berlin

Schwarz-Schilling, C. [1982], Das kann wie eine Narkose wirken, Interview, in: Der Spiegel, 25.10.1982, S. 53 - 69.

Sénat [1987], Rapport d'information sur l'avenir des télécommunications en France et en Europe, Paris

Silberhorn, A. [1989], Mobilfunkdienste, in: Arnold, F. (Hrsg.): Handbuch der Telekommunikation, Köln, Kapitel 5.1.2.0 (Loseblatt-Werk)

Simon, J.P. [1990], Aftermath - Deregulation in France in the eighties, Vortrag auf der Airlie-House-Konferenz vom 30. September bis 2. Oktober 1990

Staple, G.C. / **Mullins,** M. [1989], Global telecommunication traffic flows and market structures: A quantitative review, London

Steger, H.-A. [1978], Zur Logik des transnationalen ökonomischen Systems, Neudruck in: Steger, H.-A. [1990], Europäische Geschichte als kulturelle und politische Wirklichkeit, München, S. 187 - 235.

Tenzer, G. [1990], Glasfaser bis ins Haus, Vortrag vor dem Münchner Kreis am 15.11.1990 in München

Tieman, R. [1990], BT calls for more telecoms competition, in: The Times, 25.10.1990, S. 29.

Tietz, W. (Hrsg.) [1987], CCITT-Empfehlungen der V-Serie und der X-Serie, Band 5: Datenübermittlungsnetze - Offene Kommunikationssysteme, Systembeschreibungstechniken, Heidelberg

Thiemeyer, T. [1975], Wirtschaftslehre öffentlicher Betriebe, Reinbek

UN / ECE [1987], The telecommunications industry - Growth and structural change, New York

Varian, H.R. [1990], Intermediate Microeconomics, New York

Vickery, G. [1989], Recent developments in the consumer electronics industry, in: OECD (Hrsg.), STI-Review, Heft 5, S. 113 - 128.

v. Weizsäcker, C.C. [1987], The economics of value added network services, Köln

Wieland, B. [1983], Die ökonomische Theorie des natürlichen Monopols, Bad Honnef

Wieland, B. [1985], Die Entflechtung des amerikanischen Fernmeldemonopols, Berlin

Wieland, B. [1986], Innovationen im Telekommunikationssektor und die Entwicklung von Arbeitsproduktivität, Beschäftigung und Einkommen - Anmerkungen aus wirtschaftstheoretischer Sicht, in: Schnöring, T. (Hrsg.): Gesamtwirtschaftliche Effekte der Informations- und Kommunikationstechnologien, Berlin

Wigglesworth, W.R.B. [1989], The experience with competition and regulation in Great Britain, in: Neu, W. / Neumann, K.H. (Hrsg): Die Zukunft der Telekommunikation in Europa, Berlin, S. 189 - 211.

Witte, E. [1990], Der ordnungspolitische Rahmen für die Telekommunikation, in: Arnold, F. (Hrsg.): Handbuch der Telekommunikation, Köln, Kapitel 11.1.2.1 (Loseblatt-Werk)

2. *Verzeichnis von Rechtsnormen und Regelungen der Regulierung*

Bundesrepublik Deutschland

Gesetz über die Unternehmensverfassung der Deutschen Bundespost vom 8. Juni 1989
 (**PostVerfG**)

Gesetz über Fernmeldeanlagen in der Fassung vom 8. Juni 1989 (**FAG**)

Bundesminister für das Post- und Fernmeldewesen [1989], Angebotsanforderung -
 Vergabe einer Lizenz zum Errichten und Betreiben eines Netzes für europaweite
 digitale zellulare Mobilfunkdienste, Bonn, 19.06.1989

Bundesminister für Post und Telekommunikation [1990], Eckpunkte zur Beschreibung
 des Netzmonopols des Bundes: Konkretisierung der Befugnis der Deutschen Bundespost Telekom zur Ausübung des Netzmonopols, Bonn, 26.09.1990

Europäische Gemeinschaften

Vertrag zur Gründung der Europäischen Wirtschaftsgemeinschaft vom 25. März 1957
 (**EWG**)

Richtlinie der Kommission der Europäischen Gemeinschaften vom 16. Mai 1988 über
 den Wettbewerb auf dem Markt der Telekommunikationsendgeräte (Endgeräterichtlinie [**88/301/EWG**])

Richtlinie der Kommission der Europäischen Gemeinschaften vom 28. Juni 1990 über
 den Wettbewerb auf dem Markt für Telekommunikationsdienste (Diensterichtlinie
 [**90/388/EWG**])

Richtlinie des Rates der Europäischen Gemeinschaften vom 28. Juni 1990 zur Verwirklichung des Binnenmarktes für Telekommunikationsdienste durch Einführung
 eines offenen Netzzugangs (ONP-Richtlinie [**90/387/EWG**])

Frankreich

Arrêté du 13.11.1987 portant autorisation d'exploitation d'un service de radiomessagerie
 unilaterale

Arrêté du 16.12.1987 portant autorisation d'établissement et d'exploitation d'un service
 de radiotéléphonie publique

Arrêté du 21.4.1988 fixant les conditions générales d'autorisation des réseaux partagés
 ouverts à des tiers

Code des postes et télécommunications (**Code des P. et T**)[1]

Décret n° 87-775 du 24.9.1987 relatif aux liaisons spécialisées et aux réseaux télématiques ouverts à des tiers

Décret n° 89-327 du 19.5.1989 modifiant le décret n° 86-129 du 28.1.1986 modifié portant organisation de l'administration centrale du ministère des P.T.T.

Décret n° 89-518 du 26.7.1989 relatif à l'organisation et au fonctionnement du Conseil supérieur de l'audiovisuel

Décret n° 90-1112 du 12.12.1990 portant statut de France Télécom

Décret n° 90-1121 du 18.12.1990 portant organisation de l'administration centrale du ministère des postes, télécommunications et de l'espace

Décret n° 90-1138 du 21.12.1990 portant création du Service national des radiocommunications

Décret n° 90-1213 du 29.12.1990 relatif au cahier des charges de France Télécom et au code des postes et télécommunications[2]

Loi n° 86-1067 du 30.9.1986 relative à la liberté de communication

Loi n° 89-25 du 17.1.1989 modifiant la loi n° 86-1067 du 30.9.1986 relative à la liberté de communication

Loi n° 90-568 du 2.7.1990 relative à l'organisation du service public de la poste et des télécommunications

Loi n° 90-1170 du 29.12.1990 sur la réglementation des télécommunications

Ministère des P. et T. / MRG [1987], Radiotéléphone public - Appel aux candidatures, Paris

Ordonnance n° 86-1243 du 1.12.1986 relative à la liberté des prix et de la concurrence

Großbritannien

DTI [1984], Licence granted by The Secretary of State for Trade and Industry to British Telecommunications under Section 7 of the Telecommunications Act 1984, London

---

1 Der Code des P. et T. stellt eine Sammlung der geltenden Gesetze, Dekrete und Erlasse für den Bereich der Post und Telekommunikation dar. Durch das Gesetz über die Regulierung der Telekommunikation (loi n° 90-1170 du 29.12.1990) wurde der Code des P. et T. grundlegend modifiziert.

2 Das Pflichtenheft selbst ist dem Dekret als Annex beigefügt. Das Pflichtenheft wird wie folgt zitiert: **Décret n° 90-1213 du 29.12.1990, Cahier des charges**

3. Abkürzungsverzeichnis

ATM   Asynchronous Transfer Mode

AT&T   American Telephone and Telegraph Company

BMPT   Bundesministerium für Post und Telekommunikation

BPM   Bundespostministerium (heute: BMPT)

BT   British Telecom

CCITT   Comité Consultatif International Télégraphique et Téléphonique

CGCT   Compagnie Générale de Constructions Téléphoniques

CNCL   Commission Nationale de la Communication et des Libertés

CNES   Centre National d'Etudes Spatiales

CNET   Centre National d'Etudes des Télécommunications

CSA   Conseil Supérieur de l'Audiovisuel

DAII   Direction des Affaires Industrielles et Internationales

DBP   Deutsche Bundespost

DG   Direction Générale (EG-Kommission)

DGP   Direction Générale des Postes

DGT   Direction Générale des Télécommunications

DPAF   Direction des Programmes et Affaires Financières

DRG   Direction à la Réglementation Générale

DSP   Direction du Service Public

DTI   Department of Trade and Industry

EG   Europäische Gemeinschaften

EGT   Entreprise Générale des Télécommunications

EPIC   Etablissement Public à caractère Industriel et Commercial

EWG   Europäische Wirtschaftsgemeinschaft

FAG   Fernmeldeanlagengesetz

FCC   Federal Communications Commission

FCR   France-Câbles et Radio

FTZ   Fernmeldetechnisches Zentralamt

GSM   Groupe Spéciale Mobile

HDTV   High Definition Television

InfoCom   Information and Communication Research Incorporated

ISDN   Integrated Services Digital Network

ISO   International Organisation for Standardization

ITT   International Telephone and Telegraph Company

KtK   Kommission für den Ausbau des technischen Kommunikationssystems

LATA   Local Acces and Transport Area

MET   Matra-Ericsson Télécommunications

Modem   Modulator-Demodulator

MRG   Mission à la Réglementation Générale

NMT   Nordic Mobile Telephone

NTT   Nippon Telegraph and Telephone Corporation

OECD   Organisation for Economic Co-Operation and Development

OFTEL   Office of Telecommunications

ONP   Open Network Provision

ORTF   Office de Radiodiffusion-Télévision Française

OSI   Open Systems Interconnection

PCN   Personal Communications Network

P. et T.   Postes et Télécommunications

PMR   Private Mobile Radio

POS   Point of sale

P.T.E.   Postes, Télécommunications et Espace

P.T.T.   Postes, Télécommunications et Télédiffusion
             (früher: Postes, Télégraphes et Téléphones)

SFR   Société Française du Radiotéléphone

SIP   Società Italiana per l'Esercizio delle Telecommunicazioni

STET   Società Finanziarià Telefonica

TDF   Télédiffusion de France

VAN   Value Added Networks

VAS   Value Added Services

WIK   Wissenschaftliches Institut für Kommunikationsdienste

4. Verzeichnis der Schaubilder

5. Verzeichnis der Tabellen

Schriftenreihe des Wissenschaftlichen Instituts für Kommunikationsdienste

Band 1: B. Wieland, Die Entflechtung des amerikanischen Fernmeldemonopols. VII, 171 Seiten. 1985

Band 2: A. Heuermann, Th. Schnöring, Die Reorganisation der Britischen Post. VII, 254 Seiten. 1985.

Band 3: A. Heuermann, K.-H. Neumann, Die Liberalisierung des britischen Telekommunikationsmarktes. XII, 401 Seiten. 1985.

Band 4: Th. Schnöring (Hrsg.), Gesamtwirtschaftliche Effekte der Informations- und Kommunikationstechnologien. VIII, 182 Seiten. 1986.

Band 5: K.-H. Neumann, Die Neuorganisation der Telekommunikation in Japan. IX, 204 Seiten. 1987.

Band 6: W. Neu, K.-H. Neumann (Hrsg.), Die Zukunft der Telekommunikation in Europa. Proceedings. X, 221 Seiten. 1989.

Band 7: A. Heuermann, Die Erfahrungskurve im Telekommunikationsbereich. XI, 348 Seiten. 1989.

Band 8: A. Heuermann, Th. Schnöring, Vor- und Nachteile einer Trennung von Post- und Fernmeldewesen. VIII, 109 Seiten. 1990.

Band 9: H. Grupp, Th. Schnöring (Hrsg.), Forschung und Entwicklung für die Telekommunikation – Internationaler Vergleich mit zehn Ländern - Band 1. XIII, 436 Seiten. 1990.

Band 10: H. Grupp, Th. Schnöring (Hrsg.), Forschung und Entwicklung für die Telekommunikation – Internationaler Vergleich mit zehn Ländern - Band II. XI, 519 Seiten. 1991.

Band 11: W. Speckbacher (Hrsg.), Die Zukunft der Postdienste in Europa. Proceedings, Bonn, Oktober 1990. XII, 255 Seiten. 1991.

Band 12: D. Garbe, K. Lange (Hrsg.), Technikfolgenabschätzung in der Telekommunikation. XII, 254 Seiten. 1991.

Band 13: R. Pospischil, Telekommunikation in Frankreich. X, 188 Seiten. 1992.